Ihre Arbeitshilfen zum Download:

Die folgenden Arbeitshilfen stehen für Sie zum Download bereit:

Tests und Arbeitsmaterialien:
- Checkliste: Vorbereitung für einen Messebesuch
- Ihr Logbuch
- Bewerben auf Messen usw.

Übungen:
- Einstieg ins Networking
- Liste zu Ihrem Netzwerk
- Welche Netzwerke passen zu mir?
- Ihre interkulturellen Kompetenzen
- Ihre fachlichen Kompetenzen
- Selbst- und Fremdeinschätzung
- Umgangsformen usw.

Networking im Job

Doris Brenner

Networking im Job

Wie es Spaß macht und funktioniert

1. Auflage

Haufe Gruppe
Freiburg · München · Stuttgart

Bibliografische Information der Deutschen Nationalbibliothek

Die Deutsche Nationalbibliothek verzeichnet diese Publikation in der Deutschen Nationalbibliografie; detaillierte bibliografische Daten sind im Internet über http://dnb.dnb.de abrufbar.

Print: ISBN 978-3-648-08654-4 Bestell-Nr. 10419-0001
ePub: ISBN 978-3-648-08655-1 Bestell-Nr. 10419-0100
ePDF: ISBN 978-3-648-08656-8 Bestell-Nr. 10419-0150

Doris Brenner
Networking im Job
1. Auflage 2017

© 2017 Haufe-Lexware GmbH & Co. KG, Freiburg
www.haufe.de
info@haufe.de
Produktmanagement: Jasmin Jallad

Lektorat: Cornalia Rüping, München
Satz: kühn & weyh Software GmbH, Satz und Medien, Freiburg
Illustrationen: Francesca Palma
Umschlag: RED GmbH, Krailling
Druck: BELTZ Bad Langensalza GmbH, Bad Langensalza

Inhaltsverzeichnis

Vorwort

Fanden Sie das Thema Networking bisher eher lästig oder unangenehm? Dann ist dieses Buch das richtige für Sie. Es ist auch für all diejenigen geschrieben, die oft denken: Ich müsste mehr netzwerken und Kontakte knüpfen, habe aber irgendwie keine Lust darauf. Vielleicht, weil Sie eher zurückhaltend sind und nicht wie Hans Dampf in allen Gassen ständig unterwegs sein wollen, weil sie Kontakte mit negativen Attributen wie »Seilschaften«, »Vetterleswirtschaft« und »Geklüngel« verbinden oder weil sie bisher den vermeintlich hohen Aufwand scheuen und den Sinn von Networking nicht erkennen. Die gute Nachricht ist: Das lässt sich ändern!

Dieses Buch zeigt Ihnen, wie Sie sich mit Spaß ein solides Netz aus Menschen aufbauen, die sich gegenseitig unterstützen und vertrauensvoll zusammenarbeiten. Denn, das belegt die Erfahrung, Menschen, die gut vernetzt sind, haben beruflich mehr Erfolg und können ihre Ideen leichter in die Tat umsetzen. Gerade für Berufsstarter ist es wichtig, dies zu erkennen und von Anfang an die Weichen richtig zu stellen. Es geht tatsächlich ohne Heucheln, Schleimen oder Radfahren. Schritt für Schritt begleite ich Sie auf dem Weg hin zu wertvollem Networking, als Coach und Karriereberaterin habe ich schon vielen Menschen genau dabei geholfen. Lassen Sie sich also einfach darauf ein. Sie werden sehen, es lohnt sich!

Damit Ihnen die Arbeit mit diesem Buch noch leichter fällt, habe ich das Ganze in eine kleine Networking-Reisetour eingebunden und zahlreiche Illustrationen eingebaut. Die optimistische Palme Palmetta und der eher kritische Kaktus Giacomino begleiten uns auf der Tour. Besonderer Dank gilt Francesca Palma für Ihre guten Ideen und die kreative grafische Umsetzung.

Damit das Networking in diesem Buch nicht nur theoretisch betrieben wird, sondern auch einen engen Praxisbezug bekommt, freue ich mich darüber, dass viele Experten aus meinem Netzwerk ihr Fachwissen und ihre Erfahrungen in ihren Beiträgen einbringen. Die unterschiedlichen Blickwinkel und

Stile zeigen, wie bunt und vielseitig das Thema Networking ist. An dieser Stelle auch mein Dank an all die Menschen, die mitgemacht haben.

Aus Gründen der besseren Lesbarkeit habe ich mich dazu entschieden, nur die männliche Anrede im Buch zu verwenden. Seien Sie sich jedoch sicher, dass Leserinnen und Leser in gleicher Weise angesprochen werden.

So, jetzt kann es losgehen!

Ich wünsche Ihnen viel Freude auf der Networking-Tour!

Rödermark im Januar 2017

Doris Brenner

1 Die Vorbereitung: Routenplanung

Bei jeder Reise ist es wichtig, sich zunächst mit der Routenplanung zu beschäftigen. Sie werden zunächst bestimmen, wo Sie sich derzeit befinden, sprich, was Sie über Networking schon wissen, wie Ihre Haltung dazu ist und was Sie konkret mit Networking erreichen wollen.

In Kapitel 1 geht es darum zu erkunden, ob Ihre Ausrüstung für die Reise schon komplett bereitsteht. Sie befassen sich damit, wo Ihre Kompetenzen liegen und was Sie für andere zu einem interessanten Netzwerkpartner macht. Die nähere Betrachtung der Networking-Landkarte in Kapitel 2 gibt Ihnen einen Überblick und Anregungen, welche Regionen und Felder sich für das Networking anbieten und wie Sie diese am besten für sich nutzen können. Keine Reise ohne Landeskunde: Wenn Sie sich in noch fremden Gebieten sicher bewegen wollen, sollten Sie die kulturellen Spielregeln im Umgang mit unterschiedlichen Menschen und Situationen beherrschen. Hierzu finden Sie in Kapitel 3 ein paar Grundregeln zum Umgang mit anderen Menschen und zur Kommunikation. Die kleine Reiseapotheke in Kapitel 4 in Form hilfreicher Tipps für schwierige Situationen hilft Ihnen, auch kritische Ereignisse sicher zu überstehen. Für den Fall, dass Sie Grenzen setzen oder mal die Reißleine ziehen wollen, finden Sie in Kapitel 5 einige Anregungen. Lesen Sie, was Sie beim Verlassen von Netzwerken beachten sollten. Soweit die Routenplanung.

1.1 Check-up: Der Einstiegstest

Um den Startpunkt Ihrer Networking-Reise zu bestimmen, beantworten Sie zunächst die folgenden Fragen:

ARBEITSHILFE
ONLINE Einstiegstest

1. Was verstehen Sie unter Networking?

    a. Immer unterwegs sein, ständig Leute anquatschen und sich anbiedern. ☐

    b. Langfristig einen vertrauensvollen Kontakt mit Menschen aufbauen und ☐ pflegen, mit denen ich mich gegenseitig unterstützen und gemeinsam vorankommen kann.

    c. Gezielt nur mit den Menschen Kontakt suchen, die mir nützlich sein ☐ können.

    d. Möglichst viel im Internet posten und zu allem meinen Kommentar ☐ abgeben.

2. Sind Sie bereits ein aktiver Netzwerker?

    a. Nein, davon halte ich gar nichts, ist mir echt zuwider. ☐

    b. Nein, ich würde gerne, bin jedoch sehr schüchtern und weiß nicht, wie ☐ ich das anstellen soll.

    c. Ich bemühe mich, mit Menschen in Kontakt zu kommen, irgendwie ☐ klappt das noch nicht so.

    d. Ja, ich betreibe aktives Networking und fühle mich gut vernetzt. ☐

3. Kennen Sie Ihre persönlichen Stärken im Vergleich zu anderen Menschen?

    a. Ja, ich kenne meine Stärken und kann mich im Vergleich zu anderen ☐ Menschen realistisch einschätzen.

    b. Ich kenne meine Stärken, bin mir aber nicht sicher, wie sie im Vergleich ☐ zu anderen Menschen zu bewerten sind.

    c. Ich bin mir meiner Stärken nicht so richtig bewusst. ☐

    d. Mir ist nicht klar, was diese Frage mit dem Thema Networking zu tun hat. ☐

4. Haben Sie eine klare Vorstellung davon, wie Sie von Ihrer Umwelt wahrgenommen und eingeschätzt werden?

    a. Ja, ich fordere gezielt Rückmeldungen ein, wie ich von anderen gesehen ☐ werde. Diese decken sich mit meiner Selbsteinschätzung zu einem sehr hohen Prozentsatz.

    b. Wenn ich von anderen Feedback bekomme, nehme ich das gerne auf ☐ und mache mir Gedanken dazu.

    c. Ich weiß die Rückmeldungen, die mir andere geben, nicht so richtig ☐ einzuordnen.

    d. Ich habe Angst, von anderen zu erfahren, was sie über mich denken. ☐

5. Wenn Sie ein Problem haben, gibt es Menschen, bei denen Sie sich Rat holen können?

    a. Bei privaten Themen habe ich Menschen, an die ich mich wenden kann, ☐ beruflich eher nicht.

    b. Ich kenne eine Reihe von Leuten, die ich manchmal anspreche. ☐

    c. Ich habe ein gutes privates wie berufliches Umfeld, in dem sich alle ☐ gegenseitig unterstützen.

    d. Nein, wenn ich mir Rat holen würde, zeigt das doch Schwäche. ☐

6. Können Sie andere Menschen für Ihre Ideen begeistern?

    a. Ja, ich bekomme immer wieder entsprechende Rückmeldungen und ☐ nutze diese Fähigkeit, um meine Ideen voranzubringen.

    b. Ich weiß nicht. ☐

    c. Ich spiele mich nicht so gern in den Vordergrund. ☐

    d. Ich denke schon. ☐

7. Was halten Sie von der Aussage: Vertrauen ist ein zentrales Element des Networkings?

    a. Nein, es geht eher um Vorteile und Interessen als um Vertrauen. ☐

    b. Das ist doch alles oberflächlich, Vertrauen habe ich nur zu meiner Familie. ☐

    c. Ja, erst mit Vertrauen lässt sich gut zusammenarbeiten. ☐

    d. Schön, wenn Vertrauen auch da ist, muss aber nicht. ☐

8. Interessieren Sie sich für andere Menschen?

    a. Ja, es ist spannend, mehr über Menschen zu erfahren und sie näher ☐ kennenzulernen.

    b. Nein, ich bin sachorientiert, mich interessieren Fakten und Zahlen. ☐

    c. Ich interessiere mich schon für Menschen, weiß jedoch nicht, wie ich ☐ besser in Kontakt komme.

    d. Das ist doch immer mit Tratsch verbunden. ☐

9. Wie entstehen Kontakte?

   a. Das passiert rein zufällig, alles andere ist gekünstelt. ☐

   b. Ich schaue gezielt, wer mir nützlich ist, und gehe forsch auf die Leute zu. ☐

   c. Wenn jemand etwas von mir wissen will, wird er schon auf mich zukommen. ☐

   d. Ich bringe mich aktiv ein und bin auch für andere ansprechbar. ☐

10. Was bedeutet Smalltalk für Sie?

   a. Leeres Gerede, reine Zeitvergeudung. ☐

   b. Netter Zeitvertreib. ☐

   c. Eine schöne Form, um ins Gespräch zu kommen und gemeinsame Ansatzpunkte zu finden. ☐

   d. Stress, denn ich weiß nicht, was ich da sagen soll. ☐

11. Soziale Netzwerke wie Facebook, LinkedIn und Xing

   a. sind prinzipiell gleich und es gelten die gleichen Spielregeln und rechtlichen Rahmenbedingungen. ☐

   b. sollte man grundsätzlich meiden. ☐

   c. sind auch rechtlich unterschiedlich einzustufen. ☐

   d. zeigen über die Anzahl der Kontakte, wie beliebt ich bin und wie viele wirkliche Freunde ich habe. ☐

12. Bei der Jobsuche

   a. läuft heute alles über elektronische Jobportale. ☐

   b. bestimmt die Anzahl meiner Bewerbungen den Erfolg. ☐

   c. ist die Arbeitsagentur dafür verantwortlich, mir eine neue Stelle zu vermitteln. ☐

   d. wird ein großer Teil der offenen Stellen über Kontakte vergeben. ☐

So, das wäre geschafft. Sie werden am Ende des Buches diese Fragen noch einmal gestellt bekommen und können dann sehen, ob sich Ihr Wissen, Ihre Haltung und Ihr Verständnis in Bezug auf Networking verändert haben und wenn ja, wie.

1.2 Was ist Networking?

Wenn Sie sich auf Ihre Networking-Tour begeben, sollten Sie sich vorab informieren, was Sie im Reiseland erwartet und wie sich die örtlichen Gegebenheiten darstellen. Natürlich hängt es sehr stark davon ab, welche Regionen Sie besuchen werden und welche Ziele und Erwartungen Sie haben. In jedem Fall kann ein kleiner Reiseführer, der Sie mit den grundlegenden Rahmenbedingungen und Besonderheiten des Landes vertraut macht, nicht schaden.

Lassen Sie uns daher das Wesen und die Eigenheiten des Networkings ein wenig näher betrachten. »Networking«, dieser neudeutsche Begriff, vermittelt zunächst den Eindruck, als ob es sich um etwas ganz Innovatives handelt, quasi um ein Kind des 21. Jahrhunderts. Networking ist »in«. Wer da nicht mitmacht, scheint nicht auf dem Stand zu sein.

Schaut man sich die zahlreichen Definitionen des Begriffs an, so laufen sie im Grunde alle darauf hinaus, dass es um den bewussten Aufbau und die Pflege von Kontakten geht. Das ist aber ja wahrlich nichts Neues. In der gesamten Menschheitsgeschichte haben sich Individuen zusammengeschlossen und Allianzen gebildet, um Ziele zu erreichen. Ob die kirchlichen Orden, die Handwerkerzünfte, wissenschaftliche Zirkel oder die Suffragetten, die Frauenrechtlerinnen in England zu Anfang des 20. Jahrhunderts. Letztendlich gehört es zu unseren zentralen Bedürfnissen, dass wir als Menschen die Gemeinschaft und die Beziehung zu anderen suchen. Wir sind soziale Wesen und zahlreiche Versuche belegen, dass Kinder, die isoliert und ohne Ansprache aufwachsen, verkümmern und nicht überlebensfähig sind.

Was unterscheidet nun das Networking vom Kontaktepflegen in der Familie, im Freundeskreis oder beim geselligen Beisammensein? Beim Networking spielt ein gemeinsames Ziel, ein verbindendes Interesse, eine Zweckbestimmung des Kontakts eine wesentliche Rolle. Die Menschen sind nicht nur zusammen, weil sie sich mögen oder um nicht allein zu sein. Vielmehr wird das Kontaktnetz gezielt gesucht und aufgebaut. Hier spürt der eine oder andere Leser vielleicht bereits innere Widerstände nach dem Motto: Wusste ich es doch, es geht nur darum, etwas herauszuholen. Halt, genau das sollte nicht der alleinige Antrieb sein. Der Zweck oder Nutzen eines Netzwerks besteht eben darin, dass alle Beteiligten profitieren und durch das Netzwerk gestärkt werden. Begriffe wie »Win-win-Situation«, »gemeinsames Wachsen« oder »zusammen mehr erreichen« werden hier oft verwendet.

Beim Networking können unterschiedliche Aspekte im Mittelpunkt stehen.

- Der Austausch von Informationen: Je mehr Menschen ihren Wissensschatz einbringen und teilen, umso breiter ist die Datenbasis und umso verlässlicher und aussagefähiger sind die Schlussfolgerungen.
- Der Austausch von Erfahrungen: Man muss ja nicht jeden Fehler selbst machen. So ist es sehr sinnvoll und hilfreich, mögliche Fettnäpfchen, in die andere schon getreten sind, zu erkennen und vermeiden zu können.
- Menschen bewusst zusammenbringen: Wo Passgenauigkeit herrscht und gemeinsame Interessen bestehen, lässt sich besser und zielgerichteter arbeiten. Zudem entstehen Synergien.
- Gemeinschaft spüren: Besonders in schwierigen Zeiten und in Veränderungsprozessen wie bei einer Existenzgründung oder der Jobsuche ist es essenziell, gut eingebunden zu sein und Rückhalt zu spüren.
- Interessen und Anliegen gemeinsam vertreten: Gemeinschaft stärkt, schafft mehr Aufmerksamkeit und erhöht die Ressourcen. So lassen sich Positionen und Interessen mit mehr Gewicht nach außen vertreten und auch durchsetzen.
- Ehrliches Feedback und Rat: Reflexion und persönliche Weiterentwicklung sind nur möglich, wenn auch von außen verlässliche Rückmeldungen kommen. Dies setzt voraus, dass Sie den Menschen um sich herum vertrauen und sich auf deren Expertise und Einschätzung verlassen können.

Ein ganz zentraler Faktor beim Networking ist der letzte Punkt auf der Liste: das gegenseitige Vertrauen, die Verlässlichkeit. Hier kommt einem das Bild der Kette und der einzelnen Glieder in den Sinn. Letztendlich basiert das gesamte System darauf, dass alle Beteiligten ihren Beitrag zur Stabilität leisten und damit erst der Nutzen für alle entsteht.

Wie sich im weiteren Verlauf der Reise noch zeigen wird, stehen heute zahlreiche virtuelle Networking-Plattformen zur Verfügung. Dies ist in der Tat neu im Vergleich zum Netzeknüpfen in früheren Zeiten. Auch hier ist die Verlässlichkeit der Informationen oder der Zusagen entscheidend. Ein promovierter Historiker sagte vor einiger Zeit: »Ich habe in der ersten Vorlesung meines Studiums gelernt, dass entscheidend ist, die Quelle einer Information zu kennen und diese einschätzen zu können.«

Genau an dieser Stelle stoßen virtuelle Netzwerke und Portale oft an ihre Grenzen. Denken Sie nur an die Bewertungen von Hotels oder Produkten, die oft gefakt sind. Sehr einfach und preiswert lassen sich »Like-it«-Klicks in Tausenderpaketen im Internet kaufen. Daher werde ich, wenn wir uns mit den virtuellen sozialen Netzwerken beschäftigen, sowohl die damit verbundenen Chancen als auch die Risiken beleuchten.

Am Ende des Tages steht und fällt die Beziehung und damit das Netzwerk mit der Vertrauenswürdigkeit und Verlässlichkeit. Daher sollte das Ziel Ihrer Networking-Reise sein, sich einen oder mehrere Kreise von Menschen aufzubauen, in dem Sie Gemeinsamkeiten, insbesondere Werte und Einstellungen, mit anderen teilen. Am besten ist es, Netzwerke schon in guten Zeiten aufzubauen und zu pflegen, wenn Sie sie noch nicht dringend brauchen. Denn nur auf lange Sicht werden Sie verlässliche, vertrauenswürdige Partner finden, die gerade auch in schwierigen Zeiten an Ihrer Seite stehen. Und: Nicht die Quantität, sondern die Qualität ist entscheidend. Exklusivität beim Zugang und eine begrenzte Zahl an Netzwerkmitgliedern können durchaus ein Qualitätskriterium sein. Geht es um die Vertretung von Interessen nach außen, kann dagegen eine große Zahl von Mitgliedern oder Partnern sehr sinnvoll sein, um die notwendige Power aufzubringen. Es kommt darauf an, welche Zielsetzung im Vordergrund steht, daher werden wir uns auch mit diesem Thema beschäftigen.

1.3 Ihre Ausrüstung: Was bringen Sie mit?

Wie bei jeder Reise ist eine gute Vorbereitung und Ausrüstung die halbe Miete. Sorgen Sie also dafür, dass Sie gut präpariert starten können.

1.3.1 Kompetenzen

Sie werden sich vielleicht fragen, was Ihre Kompetenzen mit Networking zu tun haben. Ein Netzwerk ist immer so gut wie sein schwächstes Glied. Das bedeutet, dass in einem soliden Netzwerk jeder Einzelne zur Stabilität der Gemeinschaft beitragen sollte. Nur wenn Sie etwas einbringen und einen Beitrag für die anderen Netzwerkmitglieder leisten können, werden Sie dauerhaft als kompetenter Partner wahrgenommen und können von anderen Mitgliedern einen Input erwarten. Das heißt nicht, dass Networking auf einer Eins-zu-eins-Betrachtung beruht: Tust du mir etwas Gutes, tu ich dir etwas Gutes. Es geht vielmehr darum, grundsätzlich bereit zu sein, sich einzubringen und Nutzen zu stiften. Was jeder beiträgt, kann sehr unterschiedlich sein. Mit der Grundhaltung eines partnerschaftlichen Teilens und gemeinsamen Wachsens können alle Beteiligten einen Fortschritt erzielen.

> **!** **Wichtig**
>
> Eine zentrale und wichtige Erkenntnis für erfolgreiches Networking ist also: Ein guter Netzwerker fragt nicht zuerst, was er von anderen bekommen kann, sondern was er für andere tun oder ihnen bieten kann.

Daher ist es sinnvoll, sich als zielgerichtete Vorbereitung mit den eigenen Kompetenzen zu beschäftigen und eine Bestandsaufnahme zu machen. Der Begriff »Kompetenz« umfasst dabei alle Fähigkeiten, die ein Mensch besitzt oder in seinem Leben erworben hat und auf die er zurückgreifen kann. Dies schließt auch Wissen, Erfahrungen, Werte, Potenziale und Denkweisen ein.

Wenn Sie das Wort »Kompetenzen« hören, werden Sie in erster Linie an Ihre fachlichen Fähigkeiten und Erfahrungen denken. Seien Sie jedoch gespannt: Sie haben viel mehr anzubieten, als Sie vielleicht im Moment denken. Erstellen Sie dazu ein persönliches Kompetenzprofil und füllen Sie damit Ihren Rucksack für die Networking-Tour.

Fachkompetenz

Wer Fachkompetenzen besitzt, kennt sich in einem oder mehreren Fachgebieten aus, sie ist also sehr eng mit Wissen und Kenntnissen verbunden. Einen großen Teil dieser Fachkompetenz haben Sie sich über Schule, Ausbildung, Studium und berufliche Weiterbildung erarbeitet. Aber Sie sind sicherlich auch auf weiteren Gebieten fachlich fit, die Sie (noch) nicht beruflich nutzen. Denken Sie zum Beispiel an Hobbys oder Ehrenämter. Auch über Ihr familiäres Umfeld haben Sie sich sicherlich fachliche Kompetenzen aneignen können, ohne hierfür formal ein Zertifikat erhalten zu haben. Denken Sie daran, was Sie etwa über Ihre Eltern oder die berufliche Tätigkeit Ihres Partners an Wissen oder Einblicken bekommen haben.

ARBEITSHILFE
ONLINE

> **Übung**
>
> Stellen Sie Ihre fachlichen Kompetenzen zusammen. Das Arbeitsblatt hierzu steht auch als Arbeitshilfe online zur Verfügung. Es folgt ein Beispiel, wie die Einträge aussehen könnten.

Fachgebiet	Erworben bei	Niveau	Beispiel
Online-Marketing	Studium und Beruf	Experte	Bachelorarbeit, Weiterbildung, drei Jahre Projekte in Agentur
Integration von Asylbewerbern	Ehrenamt	Anwender in der Praxis	Mitglied Arbeitskreis, Betreuung von Asylbewerbern bei der Stellensuche

Und so bringen Sie Ihre Fachkompetenz beim Networking ein:

- Sie können anderen Ihr Wissen vermitteln und gezielte Informationen geben.
- Sie können Zusammenhänge aufzeigen.
- Sie können auf unterschiedlichen Abstraktionsebenen (Experte, Anwender, Laie) Fachthemen erklären.
- Sie können neue Erkenntnisse aus Ihrem Fachgebiet als Anregung einbringen.
- Sie können andere mit Ihrem Fachwissen beraten und ihnen einen Zugang zu Ihren Fachthemen ermöglichen.

Methodenkompetenz

Dieser zunächst etwas abstrakt klingende Kompetenzbereich hat im Grunde etwas sehr Praktisches an sich. Wie gehen Sie an Aufgaben heran? Über welche Hilfsmittel verfügen Sie, um eine neue Aufgabe zielgerichtet zu bearbeiten? Es geht um Ihre Werkzeugbox, mit deren Inhalt Sie Aufgaben strukturiert angehen. Enthalten sein kann etwa ein gutes Zeitmanagement, das Beherrschen unterschiedlicher Präsentationstechniken oder Bewertungsverfahren zur Beurteilung von Alternativen. Kennen Sie zum Beispiel die SWOT-Analyse? Das ist eine besonders in der Unternehmensberatung häufig genutzte Methode, um Stärken (»strengths«), Schwächen (»weaknesses«), Chancen (»opportunities«) und Risiken (»threats«) aufzuzeigen (siehe nachfolgende Grafik).

Eine weitere wichtige Methode ist das Projektmanagement. Es hilft, bei komplexen Aufgaben klar zu definieren, wer was bis wann zu erledigen hat, damit das angestrebte Ziel im vorgesehenen Zeit- und Kostenrahmen realisiert werden kann. An sogenannten Milestones im Lauf des Projekts zeigt sich, ob man noch »on target« ist, sich also innerhalb der Planung bewegt. Projektmanagement funktioniert unabhängig von den jeweiligen Inhalten, es geht um eine strukturierte Vorgehensweise. Hier liegt eine klare Stärke der Methodenkompetenz: Wenn Sie das Fachgebiet wechseln oder neue Aufgabenstellungen bearbeiten sollen, können Sie sie mitnehmen und im neuen Kontext einsetzen.

Stärken	Schwächen
Chancen	Risiken

So bringen Sie Ihre Methodenkompetenz beim Networking ein:

- Sie können anderen bestimmte Techniken, Werkzeuge und Tools vermitteln.
- Sie können anhand von Beispielen die Herangehensweise an ein Thema aufzeigen.
- Sie können durch den Einsatz von Methoden andere praktisch in ihrer Arbeit unterstützen.
- Sie können deutlich machen, wie sich Methoden auf andere Themen und Branchen übertragen lassen.
- Sie können alternatives Herangehen an ein Problem demonstrieren.
- Sie können neue Aufgabenstellungen leichter in den Griff bekommen.

Soziale Kompetenz
Gerade für das Networking sind Ihre Fähigkeiten im Umgang mit anderen Menschen ganz entscheidend. Können Sie sich situationsgerecht verhalten und individuell auf unterschiedliche Arten von Menschen eingehen? Haben Sie die Fähigkeit, andere für ein Thema zu gewinnen? Erkennen Sie die individuellen Bedürfnisse anderer? Können Sie Ihren Standpunkt klar vertreten, ohne andere vor den Kopf zu stoßen?

Darüber werden Sie kein Zertifikat vorzuweisen haben. Am besten ist es, auch hier in die Vergangenheit zu gehen und sich entsprechende Situationen anzuschauen. Anhand konkreter Beispiele können Sie herausfinden und belegen, ob und wann Sie sich beispielsweise teamfähig, überzeugend oder integrierend verhalten haben. Soziale Kompetenz wird oft als »Soft Skill« abgetan und wer darüber verfügt, in eine Schmuseecke gestellt nach dem Motto: Wir müssen uns alle liebhaben. In der Praxis ist soziale Kompetenz jedoch der zentrale Faktor, der über Erfolg oder Misserfolg entscheidet. So erlebe ich besonders häufig bei Naturwissenschaftlern und Ingenieuren, dass sie zu sehr auf ihre Fachkompetenzen fokussiert sind. Dies mag an der Hochschule noch funktionieren. Doch spätestens im Berufsalltag gilt es, andere Menschen für die eigenen Ideen zu gewinnen. Selbst wenn jemand fachlich sehr gut ist, Erfolg entsteht in der Regel erst, wenn andere die Fähigkeiten und Leistungen erkennen und schätzen.

So bringen Sie Ihre soziale Kompetenz beim Networking ein:
- Sie zeigen sich im Umgang mit anderen Menschen verbindlich und gehen offen auf andere zu.
- Sie können Ihre Position klar vertreten und berücksichtigen dabei auch die Interessen anderer.
- Sie können Kontakte zwischen Menschen herstellen.
- Sie können Menschen in Gespräche einbinden und ihnen damit den Zugang zu Gruppen verschaffen.
- Sie können bei Streitigkeiten schlichten und vermittelnd wirken.
- Sie können in einer Gruppe zu einem positiven Klima beitragen und das Teamgefühl stärken.
- Sie können die Interessen Einzelner oder einer Gruppe nach außen überzeugend präsentieren.
- Sie können abschätzen, wer zu wem passt, sprich zwischen wem die Chemie stimmt.
- Sie erkennen die Bedürfnisse anderer Menschen und können sich in andere hineinversetzen.

Führungskompetenz
Eng verbunden mit der sozialen Kompetenz ist die Führungskompetenz. Haben Sie schon Erfahrung mit Führungsaufgaben gesammelt? Das kann natürlich im Job gewesen sein, aber auch bei einer Tätigkeit als ehrenamtlicher Trainer im Sportverein oder als Kirchen- oder Vereinsvorstand. Entscheidend ist, dass Sie neben der sozialen Kompetenz eine klare Zielorientierung besitzen, um andere mitnehmen zu können. Autorität – nicht zu verwechseln mit autoritärem Verhalten – und Bewusstsein über die Funktion als Vorbild helfen eindeutig, sich in einer Führungsposition sicher zu bewegen. Wenn Sie darüber hinaus noch die Fähigkeit besitzen, Potenziale von Menschen zu erkennen und Teams so zusammenzustellen, dass sich die Fähigkeiten der Mitglieder sinnvoll ergänzen, bringen Sie gute Voraussetzungen für eine Führungsposition mit.

So bringen Sie Ihre Führungskompetenz beim Networking ein:

- Sie können gerade jüngeren oder neuen Führungskräften Erfahrungen aus Ihrer Führungstätigkeit weitergeben. Dies wird häufig in Form von Mentoringprogrammen (siehe Kapitel 2.1.6) praktisch umgesetzt.
- Sie können beraten.
- Sie können als Vorbild dienen.
- Sie können im Rahmen des Networkings bei der Bearbeitung von Aufgaben Führungsverantwortung übernehmen.
- Sie können Teams zusammenstellen und abschätzen, wer aufgrund seiner Kompetenzen besonders gut ins Team passt.
- Sie können sich mit anderen erfahrenen Führungskräften austauschen und ein Führungskräftenetzwerk aufbauen.

Interkulturelle Kompetenz

Die Globalisierung der Wirtschaft schreitet immer schneller voran. Wir kommen verstärkt mit Menschen aus anderen Kulturen in Kontakt. Interkulturelle Kompetenz drückt sich auch darin aus, dass Sie sich in verschiedenen Sprachen verständigen können, das ist jedoch nur ein Aspekt.

Unser Verhalten und unsere Erwartungen gegenüber anderen Menschen sind nach wie vor sehr stark von unserem kulturellen Hintergrund bestimmt. Ob privat oder im Berufsleben: Es treten immer wieder Konflikte auf, weil wir das Verhalten von anderen falsch interpretieren oder mit den Gepflogenheiten in einem Land nicht vertraut sind und Fehler machen. Wer sich viel im Ausland bewegt, vielleicht sogar schon mal für eine längere Zeit dort gelebt hat, wird vieles durch eine andere Brille sehen, sodass sich seine Sichtweisen und Einschätzungen verändern. Genauso wichtig wie Fremdsprachenkenntnisse sind also Einsichten und Erfahrungen über die kulturellen Gegebenheiten eines Landes.

ARBEITSHILFE ONLINE

Übung

Überlegen Sie, welche interkulturellen Erfahrungen Sie schon gemacht haben und wie sich diese auf Ihre Einstellungen und Ihr Verhalten ausgewirkt haben:

- Welche Länder haben Sie bisher besucht bzw. wo haben Sie schon gelebt?
- Welche Kontakte zu Menschen aus anderen Kulturkreisen haben Sie?
- Welche Erfahrungen und Erkenntnisse haben Sie aus diesen Kontakten gewonnen?

- Welche Vorurteile konnten Sie abbauen?
- Welche Fremdsprachen sprechen Sie?

So bringen Sie Ihre interkulturelle Kompetenz beim Networking ein:
- Sie können als Dolmetscher zwischen Menschen mit unterschiedlichen Sprachkenntnissen fungieren und damit die Kommunikation zwischen ihnen ermöglichen.
- Sie können durch das Wissen über unterschiedliche kulturelle Gepflogenheiten Verständnis schaffen und Verhalten erklären.
- Sie können Menschen, die sich in einem fremden Umfeld neu zurechtfinden müssen, unterstützen und beraten.
- Sie können internationale Kontakte und Geschäftsbeziehungen herstellen.
- Sie können Ihre Erfahrungen aus dem Umgang mit internationalen Partnern und Institutionen an andere weitergeben.

Interdisziplinäre Kompetenz

Ähnlich wie bei der interkulturellen Kompetenz geht es bei der interdisziplinären Kompetenz darum, als Mittler zu agieren. In diesem Fall stellt die Barriere nicht die Kultur, sondern die fachliche Ausrichtung dar. Haben Sie schon mal das Gespräch zwischen einem IT-ler und einem Juristen verfolgt? Oder dabei zugehört, wie sich ein Betriebswirt und ein Techniker zu einem Thema austauschen? Auch wenn sie alle Deutsch sprechen, reden Sie häufig aneinander vorbei und können die Ausdrucksweise, die Herangehensweise an ein Problem und die Lösungsansätze des anderen nicht nachvollziehen. Sie ticken einfach anders. Wohl dem, der gelernt hat, sich zwischen den Welten zu bewegen und die verschiedenen Denkweisen und Fachsprachen zu verstehen. Das ist besonders wichtig, wenn Sie in einem interdisziplinären Team arbeiten und beispielsweise gemeinsam mit Entwicklern, Juristen, Vertriebsmitarbeitern oder Controllern ein neues Produkt auf den Markt bringen wollen. Daher ist die Frage, wie Sie auf diesem Feld aufgestellt sind und welche Erfahrungen Sie dabei schon gemacht haben, bedeutsam.

So bringen Sie Ihre interdisziplinäre Kompetenz beim Networking ein:
- Sie können Brücken bauen und zwischen unterschiedlichen Fachdisziplinen vermitteln und übersetzen.
- Sie können Menschen aus unterschiedlichen Fachbereichen zusammenführen, um sie mit anderen Blickwinkeln und Vorgehensweisen vertraut zu machen.
- Sie können Sachverhalte auf einer höheren Abstraktionsebene beschreiben und ihre Bedeutung für andere Disziplinen herausarbeiten.
- Sie können übergreifende Aufgaben übernehmen.
- Sie können die Fachsprache eines anderen richtig interpretieren.

1.3.2 Erfahrung

Wissen ist gut, praktische Erfahrung oft noch besser. Denn in der Theorie sieht manches ganz anders aus. Das, was Sie selbst schon gemacht haben, dort, wo Sie Ergebnisse und Leistung gezeigt haben, sprich die PS auf die Straße brachten – mit diesen Erfahrungen können Sie Ihre Kompetenz belegen. Daher ist es besonders wichtig, sich klarzumachen, welche konkreten Erfahrungen Sie in ein Netzwerk einbringen können. Auch hier wird der berufliche Weg eine wichtige Basis sein. Doch auch in anderen Lebensbereichen lassen sich Belege dafür finden, dass Sie etwas anpacken und erfolgreich umsetzen können.

ARBEITSHILFE ONLINE

Übung

Stellen Sie Projekte und Aufgaben zusammen, die Sie praktisch bearbeitet haben. Am besten beschreiben Sie sie ganz anschaulich und konkret. Schildern Sie zunächst die jeweilige Ausgangssituation, legen Sie dann Ihr Verhalten dar, also was Sie konkret gemacht haben, und schließen Sie mit dem Ergebnis. Je bildlicher die Sprache ist, desto leichter können sich andere im wahrsten Sinne des Wortes ein Bild davon machen, was Sie schon geleistet haben.

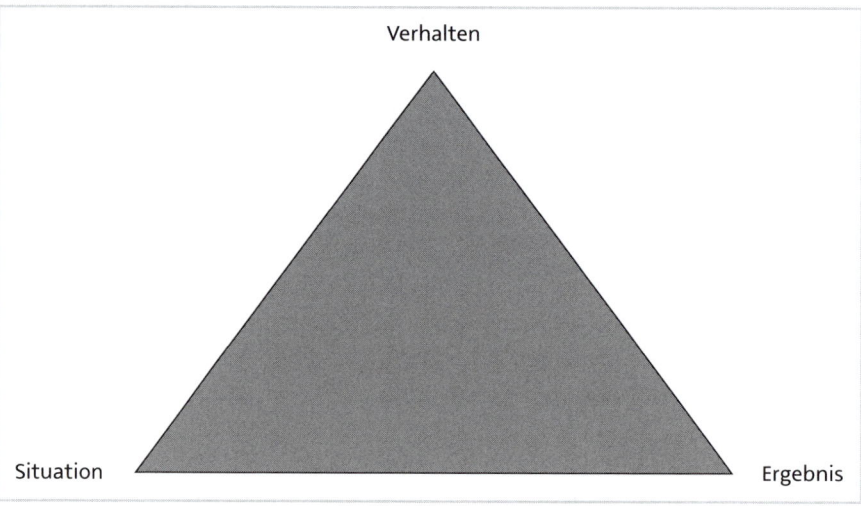

So bringen Sie Ihre Erfahrungen beim Networking ein:

- Sie können erfolgversprechende Wege für die Umsetzung von Projekten aufzeigen.
- Sie können aus der Praxis berichten und »wahre« Geschichten erzählen.
- Sie können andere vor Fehlern bewahren, die Sie selbst gemacht haben, und ihr Augenmerk auf mögliche Risiken lenken.
- Sie können Best Practices aufzeigen.

- Sie können Hilfe im Umsetzungsprozess anbieten.
- Sie können sich in andere hineinversetzen, die ähnliche Erfahrungen wie Sie gemacht haben.

1.3.3 Persönlichkeit

Im Folgenden geht es um Ihre grundlegenden Wesenszüge, Ihre Charaktereigenschaften – also das, was Sie als Person ausmacht. Während sich in den anderen Kompetenzbereichen vieles erlernen lässt, bildet Ihre Persönlichkeit einen Kern, der Ihr Verhalten wesentlich bestimmt und Veränderungen nur über einen längeren Zeitraum zulässt. Ob jemand ehrgeizig, hilfsbereit, motiviert oder zuverlässig ist – um nur einige Beispiele zu nennen –, hat massiven Einfluss darauf, wie er Situationen erlebt und darauf reagiert. Wer etwa eine hohe Frustrationstoleranz hat, lässt sich von Rückschlägen und Misserfolgen nicht so leicht aus der Bahn werfen und wird einen neuen Anlauf nehmen.

Zudem wirkt sich Ihre Persönlichkeit entscheidend darauf aus, wie Sie von anderen wahrgenommen werden. Wenn Sie Humor und eine positive Ausstrahlung haben, werden Menschen lieber mit Ihnen zusammen sein als mit einem muffeligen Zeitgenossen.

ARBEITSHILFE
ONLINE

Übung

Mit dem folgenden Arbeitsblatt gelangen Sie zu einer realistischen Selbst- und Fremdeinschätzung Ihrer Persönlichkeit. Füllen Sie das Blatt selbst aus und geben Sie ein Blankoformular an Ihnen wichtige Menschen aus Ihrem Umfeld weiter. Bitten Sie sie, eine Einschätzung über Sie abzugeben. Interessant ist zu sehen, wo es Abweichungen gibt. Das Arbeitsblatt steht auch als Arbeitshilfe online zur Verfügung.

Arbeitsblatt: Selbsteinschätzung

Eigenschaft	Schwach ausgeprägt				Stark ausgeprägt		
	−3	−2	−1	0	+1	+2	+3
Kann gut organisieren							
Effektiv							
Schnell							
Ausdauernd							
Belastbar							
Entschlossen							

Arbeitsblatt: Selbsteinschätzung							
Eigenschaft	Schwach ausgeprägt				Stark ausgeprägt		
	−3	−2	−1	0	+1	+2	+3
Flexibel							
Frustrationstolerant							
Einsatzbereit							
Begeisterungsfähig							
Aktiv							
Gewissenhaft							
Fähig zu rationalisieren							
Selbstständig							
Verantwortungsbereit							
Zielstrebig							
Zuverlässig							
Gute Auffassungsgabe							
Gutes Gedächtnis							
Intelligent							
Konzentriert							
Lernfähig							
Logisch denkend							
Problemlösend							
Kreativ							
Konfliktfähig							
Humorvoll							
Diszipliniert							
Ehrgeizig							
Aufgeschlossen							
Flexibel							
Kontrolliert gerne							
Motivierend							

Arbeitsblatt: Selbsteinschätzung

Eigenschaft	Schwach ausgeprägt				Stark ausgeprägt		
	−3	−2	−1	0	+1	+2	+3
Objektiv							
Empathisch							
Teamfähig							
Tolerant							
Kommunikationsfreudig							

Mit freundlicher Genehmigung von Jutta Boenig, www.boenig-beratung-deutschland.de

Arbeitsblatt: Fremdeinschätzung

Eigenschaft	Schwach ausgeprägt				Stark ausgeprägt		
	−3	−2	−1	0	+1	+2	+3
Kann gut organisieren							
Effektiv							
Schnell							
Ausdauernd							
Belastbar							
Entschlossen							
Flexibel							
Frustrationstolerant							
Einsatzbereit							
Begeisterungsfähig							
Aktiv							
Gewissenhaft							
Fähig zu rationalisieren							
Selbstständig							
Verantwortungsbereit							
Zielstrebig							
Zuverlässig							

Arbeitsblatt: Fremdeinschätzung							
Eigenschaft	Schwach ausgeprägt				Stark ausgeprägt		
	−3	−2	−1	0	+1	+2	+3
Gute Auffassungsgabe							
Gutes Gedächtnis							
Intelligent							
Konzentriert							
Lernfähig							
Logisch denkend							
Problemlösend							
Kreativ							
Konfliktfähig							
Humorvoll							
Diszipliniert							
Ehrgeizig							
Aufgeschlossen							
Flexibel							
Kontrolliert gerne							
Motivierend							
Objektiv							
Empathisch							
Teamfähig							
Tolerant							
Kommunikationsfreudig							

Mit freundlicher Genehmigung von Jutta Boenig, www.boenig-beratung-deutschland.de

So bringen Sie Ihre Persönlichkeit beim Networking ein:

- Sie können durch Zuverlässigkeit das Vertrauen anderer Menschen gewinnen und Verbindlichkeit schaffen.
- Sie können als kreativer Mensch neue Impulse setzen und als Ideengeber wertvoll sein.
- Sie können als aktiver Mensch mit viel Initiative andere mitreißen und Projekte voranbringen.

- Sie können durch effektives Verhalten Prozesse optimieren und für alle Mitglieder des Teams den Aufwand reduzieren.
- Sie können mit Ausdauer und Stehvermögen Themen voranbringen und entscheidend dazu beitragen, gute Ergebnisse zu erzielen.
- Sie können mit Verantwortungsbereitschaft Ämter und Funktionen übernehmen und damit die Interessen anderer auch nach außen vertreten.
- Sie können mit Einfühlungsvermögen die Bedürfnisse anderer erkennen und Menschen für sich gewinnen.

ARBEITSHILFE
ONLINE

Übung

Denken Sie darüber nach, welche Ansatzpunkte sich bei Ihnen aufgrund Ihrer Persönlichkeit als Beitrag beim Networking ergeben können.

1.3.4 Vorhandene Kontakte, Netze und Ankerpunkte

Oft werde ich etwas misstrauisch beäugt, wenn ich Kontakte und Netzwerke als Teil der eigenen Kompetenzen vorstelle. Hierzu zwei Beispiele.

Beispiel   !

Ihr Chef bittet Sie, eine Aufgabe zu bearbeiten, die für Sie völlig neu ist und von der Sie keine Ahnung haben. Es gibt nun drei Möglichkeiten:
- Sie sagen Ihrem Chef, dass Sie die Aufgabe nicht übernehmen können.
- Sie fangen beim Stand null an und suchen sich in der Literatur oder im Internet mühsam Informationen zusammen.
- Sie überlegen, wer aus Ihrem Netzwerk in diesem Bereich schon praktische Erfahrung hat, sprechen diese Person an und bitten sie um Unterstützung.

Es ist ein klarer Vorteil, wenn Sie jemanden fragen und von dessen Erfahrungen profitieren können. Unternehmen sind für solche Kontakte sehr dankbar, da sie dadurch zusätzliche Ressourcen ohne zusätzliche Kosten erhalten. Die Amerikaner nennen das: »buy one – get one and a half«. Indem ein Mitarbeiter eingestellt wird, bekommt das Unternehmen das Wissen und die Erfahrung eines halben weiteren Mitarbeiters quasi kostenlos dazu.

!

Beispiel

Ein Unternehmen hat eine Stelle im Vertrieb zu besetzen. Zwei Kandidaten stehen in der Endauswahl und sind hinsichtlich ihrer Kenntnisse und Erfahrungen vergleichbar. Der erste Kandidat erläutert, dass er über einen guten Kundenstamm verfügt, den er bei einer Einstellung direkt mitbringen kann. Eine solide Kundenbasis ist das A und O im Vertrieb. Daher wird dieser Kandidat mit Sicherheit den Zuschlag für den Job bekommen.

Die beiden Beispiele verdeutlichen, welchen konkreten Vorteil Kontakte und Netzwerke mit sich bringen können. Machen Sie daher auch in diesem Feld eine kleine Bestandsaufnahme. Hierzu bieten sich verschiedene Vorgehensweisen an, die Sie am besten in Kombination hintereinander durchführen.

ARBEITSHILFE
ONLINE

Übung

Überlegen Sie sich, in welchen Gruppen und Organisationen/Netzwerken, Sie heute bereits sind. Die Darstellung mithilfe einer Mindmap, also in Form einer grafischen Gliederung, ist dabei sehr hilfreich. Wie bei einem Baum verzweigen sich die Hauptäste in untergeordnete Zweige und Verästelungen. Das folgende Beispiel zeigt, wie eine solche Übersicht aussehen kann. Denken Sie auch an private Kontakte wie Bekannte vom Sport oder Nachbarn.

Die Mindmap gibt eine Struktur vor, mit der es Ihnen wesentlich leichter fällt, konkret die Menschen, die Sie aus den einzelnen Gruppen kennen, zu benennen und aufzuschreiben. Die gewonnene Liste mit den Namen gilt es nun weiter zu spezifizieren.

ARBEITSHILFE
ONLINE

Übung

Schreiben Sie alle Namen der Menschen, die Sie kennen, in die erste Spalte der folgenden Tabelle. Ergänzen Sie dann in der zweiten Spalte berufliche Bezugspunkte, die Ihnen bekannt sind (Firmen, Branchen, Funktionsbereiche, zu denen die Kontaktperson Zugang hat). In die dritte Spalte fügen Sie private Bezugspunkte ein (Hobbys, Ehrenämter, sonstiges Engagement). Die Bezugspunkte müssen nicht bedeuten, dass Sie darüber direkt im Kontakt mit der jeweiligen Person stehen. Es können auch Themen sein, von denen Sie wissen, dass die Person sich damit beschäftigt. Das folgende Arbeitsblatt steht auch als Arbeitshilfe online zur Verfügung.

Name	Berufliche Bezugspunkte	Private Bezugspunkte
Peter Huber	Entwicklungsingenieur Antriebstechnik, Elektrobranche	Basketball, Jazzband, Reisen nach Westafrika
Svenja Müller	Psychologie, Personalauswahl Beratungsbranche, Mitglied im Berufsverband Deutscher Psychologinnen und Psychologen BDP	Tai Chi, Entwicklungshilfe, Töpfern,
Max Seidel	Chemiker Lebensmittelindustrie, Produktmanager	Biolebensmittel, Vegetarier, Imker
Andrea Michel	Betriebswirtschaftslehre, Professorin FH, Controlling, Mentorin, Aufsichtsrätin TRA GmbH	Präses evangelische Kirche, Elternbeirätin Schule, Standardtanz

Beginnen Sie mit der Aufstellung und ergänzen Sie immer wieder Namen, wenn Ihnen neue Kontaktpersonen in den Sinn kommen. Sofern Sie von einer Person nur berufliche oder nur private Bezugspunkte kennen, lassen Sie das andere Feld frei. Im weiteren Verlauf der Networking-Reise werden Sie diese Tabelle noch einmal heranziehen und mit den Daten arbeiten.

1.4 Special: Kompetenzen von Studenten und Berufsstartern

Wenn es darum geht, eine Bestandaufnahme der eigenen Kompetenzen zu machen, die für das Networking eingebracht werden können, wenden vor allem Studenten und Berufsstarter ein, dass sie nur sehr wenig anzubieten haben. Sie verfügen ja gerade nicht über Berufserfahrung und eine breite Basis an Kontakten. Hier täuscht jedoch häufig der erste Eindruck.

Insbesondere Studenten verfügen über exzellente Fachkenntnisse auf ihrem Gebiet, die State of the Art sind. Sie haben sich im Studium ja mit den neuesten Erkenntnissen beschäftigt. Dies kann ein sehr guter Ansatzpunkt sein, um Menschen, die bereits viele Jahre im Beruf stehen und nicht die Zeit haben, sich ständig über wissenschaftliche Weiterentwicklungen zu informieren, unterstützen zu können. Studenten müssen sich ja die Zeit dafür nehmen, zu recherchieren und Informationen zu sammeln. Was die methodischen Kompetenzen angeht, verfügen Studenten in der Regel über einen umfangreichen Koffer voller Methoden und Techniken, die zur Problemlösung geeignet sind.

Nun noch zum Thema Kontakte und Netzwerke: Studenten haben vielleicht (noch) nicht das solide Netzwerk aus berufserfahrenen Praktikern, verfügen jedoch über ein gutes Netzwerk an der Hochschule aus Professoren, wissenschaftlichen Mitarbeitern und Studenten. Für Unternehmen können diese Kontakte von großer Bedeutung sein, wenn es darum geht,

- staatlich geförderte Kooperationsprojekte mit wissenschaftlichen Einrichtungen zu starten,
- Referenten für firmeninterne Veranstaltungen zu finden oder
- den Zugang zu interessanten Bewerbern zu erhalten.

Unternehmen zahlen Unsummen von Geld für ihr Employer-Branding – also für den Aufbau einer positiven Arbeitgebermarke –, um an solche Kontakte heranzukommen. Studenten sitzen an der Quelle und sind sich dieses Assets oft gar nicht bewusst. Also seien Sie durchaus selbstbewusst, Sie haben eine ganze Menge einzubringen.

2 Endlich unterwegs: Wir gehen auf Tour

Sie haben sich nun einen guten Überblick über Ihre Kompetenzen verschafft und sind startklar. Die Ausrüstung ist gepackt, die Networking-Tour fängt an. Ab jetzt geht es darum, unterschiedliche Arten des Networkings zu erkunden, Organisationen kennenzulernen und eigene Eindrücke und Erfahrungen zu sammeln.

2.1 Die Networking-Landkarte

Um Kontakte und Netzwerke zu knüpfen, bieten sich zahlreiche Möglichkeiten an. Ganz praktisch werden mehrere dieser Andockpunkte angesteuert, Menschen aus der Praxis liefern Einblicke und Erfahrungen. So können Sie für sich neue Wege kennenlernen und besser beurteilen, welche Netzwerke für Sie interessant sind. Navigieren Sie also ein wenig durch die Landschaft. Sie brauchen die Reihenfolge der Vorstellung in diesem Buch nicht einzuhalten. Bewegen Sie sich einfach dorthin, wo Sie sich am stärksten hingezogen fühlen.

2.1.1 Soziale Netzwerke

Kommt das Thema Networking zur Sprache, verbinden die meisten Menschen mit diesem Begriff sofort die sozialen Netzwerke im Internet. Durch Facebook, Twitter und Co. sind das Kontaktanbahnen und die Kontaktpflege sicherlich wesentlich einfacher geworden und in einem Umfang möglich, wie es zuvor nicht denkbar war. Milliarden von Menschen sind bei Facebook über den ganzen Erdball verbunden. Letztendlich steckt ein enormer Wirtschaftsfaktor dahinter, an dem auch Unternehmen mit entsprechenden Social-Media-Budgets beteiligt sind. Das teuerste Unternehmen der Welt, Microsoft, kaufte das weltweit größte berufliche soziale Netzwerk LinkedIn, um seine Vorreiterrolle weiter auszubauen. Inwieweit die virtuellen Schauplätze wirklich die Hotspots für erfolgreiches Networking schlechthin sind, wird sich im weiteren Verlauf der Tour zeigen.

Wie lässt sich die Vielzahl an virtuellen Netzwerken überhaupt strukturieren? Ein ganz grundlegender Unterschied besteht zwischen den privaten und den beruflichen Netzwerken. Da gibt es auf der einen Seite Facebook und Co. Dabei handelt es sich per Definition um sogenannte private oder freizeitorientierte Netzwerke. Dem stehen die beruflichen Netzwerke wie Xing und LinkedIn gegenüber.

Auch in rechtlicher Hinsicht gibt es zwischen diesen zwei Gruppen von Netzwerken einen entscheidenden Unterschied, den ein Urteil des Bundesgerichtshofs verdeutlicht. Sogenannte Background-Checks der Arbeitgeber über Bewerber sind nur in beruflichen Netzwerken zulässig. Ein Arbeitgeber darf also Informationen, die er bei Facebook über einen Kandidaten erhält, nicht berücksichtigen. Da es sich schwer nachweisen lässt, ob dies der Fall ist und ein Bewerber deswegen den gewünschten Job nicht bekommen hat, sollte generell sehr sorgsam mit den eigenen Profilen umgegangen werden. Es ist erschreckend, welche zutiefst persönlichen, ja sogar intimen Informationen einer breiten Öffentlichkeit freiwillig zugänglich gemacht werden.

Tipp !

Spätestens mit dem Eintritt in das Berufsleben sollten Sie die eigenen Profile und verfügbaren Informationen prüfen und gegebenenfalls bereinigen. Dass es nicht immer so einfach ist, etwas aus dem Netz wieder zu entfernen, mussten einige derjenigen, die es versucht haben, schon erkennen. In Kapitel 5.2 werden Sie im Beitrag von Birgit Aurelia Janetzky mehr hierzu erfahren.

Fokussieren wir uns an dieser Stelle auf die beruflichen sozialen Netzwerke wie Xing und LinkedIn. Während LinkedIn international das am weitesten verbreitete berufliche Netzwerk ist, nimmt Xing nach wie vor im deutschsprachigen Raum die Rolle des Platzhirschs ein. Die Möglichkeiten, einerseits gezielt nach Menschen zu suchen (nach Name, Funktion, Unternehmen und zahlreichen weiteren Parametern) und andererseits selbst gefunden zu werden, sind gerade im Hinblick auf die Besetzung von Stellen und die damit verbundene Recherche enorm hilfreich. Wer offen für einen Jobwechsel oder sogar gezielt auf Stellensuche ist, sollte das eigene Profil entsprechend aussagekräftig gestalten. Dabei sollten insbesondere Keywörter, die die spezifischen Qualifikationen beschreiben, explizit aufgeführt werden.

Tipp !

Offensiv zu schreiben, dass Sie einen neuen Job suchen, ist nicht immer förderlich. Headhunter und Dienstleister, die das sogenannte Active Sourcing betreiben, sind in der Regel eher an Kandidaten interessiert, die aktuell im Job sind und gegebenenfalls erst zu einem Jobwechsel motiviert werden müssen.

Noch ein Wort zur Qualität von Networking: Auf Teufel komm raus wild Kontakte zu sammeln, ohne wirklich einen Bezug zu den Menschen zu haben, ist nicht zielführend. Verknüpfen Sie sich lieber mit Menschen, die Sie auch kennen. Einen Kontakt im Netz offenzulegen bedeutet, dass Sie zu dieser Person stehen und ihr damit ein Stück Vertrauensvorschuss geben.

Peinlich, wenn Sie diesen Menschen überhaupt nicht kennen.

Beispiel !

Ich bekam vor einiger Zeit eine Kontaktanfrage von einem Personalmanager. Mir sagte der Name nichts. Ich klickte dennoch sein Profil an und sah, dass er mit einer mir sehr gut bekannten Personalmanagerin verlinkt war. Zunächst kam bei mir der Impuls auf, dass er wohl seriös sein muss, wenn sie ihn kennt. Es gab also keinen Grund, die Anfrage abzulehnen. Doch irgendetwas hielt mich davon ab und ich sprach meine Bekannte direkt auf die Person an. Auf meine Frage, was sie denn von dem betreffenden Personalmanager halte, mit dem sie ja verlinkt sei, reagierte sie zunächst mit Schweigen – und dann sagte sie, dass sie diesen Menschen auch nicht kennt. Er hätte vor einiger Zeit auch ihr eine Kontaktanfrage geschickt und die hätte sie halt angenommen.

Der Grundsatz, sich nur mit Menschen zu verlinken, mit denen zumindest ein persönlicher Kontakt stattgefunden hat oder eine gezielte Empfehlung aus vertraulicher Quelle vorliegt, ist sicherlich nicht verkehrt. Mir persönlich sind Menschen, die mit mehreren tausend Kontakten prahlen, etwas suspekt. Es fällt mir schwer zu glauben, dass es möglich ist, mit so vielen Menschen einen vertrauensvollen und intensiven Kontakt zu pflegen, der Substanz hat.

Digitales Selbstmarketing: Tipps für erfolgreiches Networking in Online-Portalen

Nun soll ein Experte zu Wort kommen, der sich mit dem Thema Social Media von Berufswegen beschäftigt und hilfreiche Tipps für das erfolgreiche Networking in Onlineportalen gibt. **Holger Ahrens** ist Diplom-Informatiker Fachrichtung Medien und Trainer, Speaker und Berater für digitales Selbstmarketing und Cloud-Computing (www.die-profiloptimierer.de). Seine Themen sind die Vernetzung von Systemen und Menschen in analogen und digitalen Welten sowie kollaboratives Arbeiten, disruptive Technologien und Arbeitsprozesse der Zukunft.

Analoge Kompetenzen auch im Digitalen sichtbar machen

Was man in der »echten Welt« an Kompetenzen und Fähigkeiten hat, lässt sich auch gut und wohldosiert in der Online-Welt zeigen. Das nicht zu vernachlässigen wird immer wichtiger, denkt man nur an die wachsende Zahl von Menschen, die die digitalen Medien souverän beherrschen – und diese immer öfter für Recherchen und die Vorauswahl potenzieller Kandidaten und Geschäftspartner nutzen. Sich nicht im Netz und den einschlägigen Onlineportalen zu zeigen führt zuweilen sogar zu Stirnrunzeln und Zweifel darüber, ob der Kandidat selbst denn die nötige Digitalkompetenz mitbringt, die für den Job nötig ist, auf den er sich bewirbt.

Digitale Plattformen für mehr als den Lebenslauf nutzen

Bei der Nutzung digitaler Business-Netzwerke ist es wichtig zu verstehen, dass Portale wie Xing, LinkedIn und Co. nicht nur ein Ablageort für den Lebenslauf – neudeutsch CV – sind. Es geht darum, aus Kontakten Beziehungen zu entwickeln und die Plattformen als Werkzeuge zu verstehen, um sich besser und leichter zu vernetzen.

- *Nutzen Sie die Möglichkeiten der Online-Recherche, um sich auf Gespräche vorzubereiten. Viele Nutzer veröffentlichen auch persönliche Interessen: So muss man nicht über das Wetter sprechen.*
- *Machen Sie virtuelle Geschenke und teilen Sie Informationen, Links und Empfehlungen: Ihr Netzwerk wird sich revanchieren.*
- *In Gruppen und bei Events können Sie neue Kontakte knüpfen, durch sinnvolle Beiträge Ihre Kompetenz darstellen und so als Experte wahrgenommen werden.*

Der Sprung aus dem Digitalen – zurück in die echte Welt

Sorgen Sie für Resonanz im Netzwerk. Das Annehmen und das Geben von Impulsen ist wichtiger Bestandteil digitaler Interaktion und zahlt sich aus. Durch das Einstellen von Events zeigen Sie nicht nur, dass Sie sie organisieren. Sie haben auch die Chance, Menschen miteinander zu vernetzen und die Themenfelder sichtbar zu machen, in denen Sie sich bewegen.

Wichtig: Es geht nicht darum, voll und ganz in die digitale Welt ein- und abzutauchen, sondern wieder daraus aufzutauchen, damit Menschen und Themen in der »echten Welt« zusammenfinden. Kontaktanfragen und Profilbesuche lassen sich als Impulse nutzen, um sich nach einem Telefonat mit interessanten Menschen auf einen Kaffee zu treffen. So entwickeln sich aus einfachen Interessenten Kontakte und Beziehungen, die länger halten.

Fünf Dont's für Online-Profile – und wie es besser geht

- *Warten Sie unbedingt, bis Ihr Profil perfekt ist! So in etwa zwei Jahren können Sie sich dann perfekt zeigen. Dass bis dahin die besten Chancen an Ihnen vorbeigezogen sind, ist vernachlässigbar.*
  In Zeiten des schnellen Wandels kann es durchaus sinnvoll sein, mit einer 80-Prozent-Lösung online zu gehen und mit Veränderungen bei der Darstellung und den Inhalten wertvolle Impulse in Ihr Netzwerk zu senden. Probieren Sie es einmal aus: Fordern Sie Feedback ein und lernen Sie, Rückmeldungen anzunehmen, um sich ständig weiterzuentwickeln.
- *Ein billiges Profilbild von der letzten Party wird schon reichen! Wer Sie wirklich zu schätzen weiß, wird Sie sicher trotz der schief sitzenden Brille und der schlechten Bildqualität auf den ersten Blick als kompetenten Gesprächspartner einordnen. Besser kann es natürlich sein, nach einem professionellen Fotoshooting in einem Ihrer Stellung angemessenen Umfang und Umfeld im wahrsten Sinne des Wortes ein gutes Bild abzugeben.*
- *Teilen Sie bloß keine Informationen, behalten Sie alles für sich – auch Ihre Kontakte! Vernetzung wird heutzutage maßlos überschätzt!*
  Oder bringen Sie Menschen zusammen und festigen Sie Ihr Netzwerk durch clever entwickelte Bündnisse, die für alle Mehrwert schaffen. Hin und wieder

eine interessante Information über sich oder andere in den Onlineportalen zu teilen bringt Ihnen Reputation – und zeigt Sie als kompetenten Wissensträger und Ratgeber in ihrem Gebiet.

- *Jeder soll Ihre Visitenkarte bekommen. Und ebenso soll auch jeder sofort und ohne Rückfrage Teil Ihres digitalen Netzwerks werden! Je mehr, desto besser! Sich angemessen und bewusst mit Menschen und Unternehmen zu verbinden wird die Qualität Ihres Netzwerks steigern. Allein ein gemeinsames Wofür zeigt die Ziele, auf denen Ihre Verbindungen beruhen. So wie Sie sich Notizen auf Visitenkarten machen, sollten Sie auch online mit Customer-Relationship-Management oder Notizen im Kontakt wichtige Fakten, Anlässe und Bedarfe Ihrer Kontakte festhalten.*

- *Am besten fangen Sie erst gar nicht an mit diesen sozialen Medien oder investieren alles nur in eine Plattform! Diese Aktivitäten fressen nur Zeit und bringen nichts.*
  Oder Sie machen es wie die Profis: Teilen Sie sich Ihre Energie ein und setzen Sie sich Ziele. Je nach Ausrichtung, Branche und Umfeld können verschiedene Netzwerkplattformen für Sie sinnvoll sein. Mit einem festen Zeitrahmen und einem sauberen Start können Sie den Zeitfressern entkommen und vielleicht sogar Spaß am digitalen Netzwerken entwickeln.

Die richtigen Plattformen finden

Welche Plattform für Sie die richtige ist, können wohl nur Sie selbst herausfinden. Eine absolute Aussage ist in den wenigsten Fällen möglich. Allgemein lässt sich nur so viel sagen: Für Unternehmer und Angestellte ist Xing als Plattform im deutschen Raum zu bevorzugen. Bei allen teils störenden Kontaktanfragen und übermotivierten Personalbeschaffern ist und bleibt das Portal aus Hamburg in der D/A/CH-Region doch Platzhirsch und bietet mit den Events (noch) einen enormen Vorteil gegenüber LinkedIn.

Wer international sichtbar und aktiv sein möchte, kommt um LinkedIn nicht herum. Besonders Fach- und Führungskräfte finden sich hier. Der große Vorteil dieses Business-Netzwerks: Es können mehrsprachige Profile angelegt werden und selbst mit der kostenfreien Variante lässt sich schon viel erreichen.

Für Unternehmen im B2C-Umfeld ist Facebook mit den Organisationsseiten ein wichtiges Marketinginstrument. Auch Mitarbeiter aus Kreativberufen finden hier ein Zuhause und vernetzen sich, um Aufträge und Wissen zu teilen.

Weniger wichtige Netzwerke für Businessaktivitäten sind – trotz des großen Hypes in den Medien – Instagram, WhatsApp und Snapchat. Sie sind eher für kleine und spezielle Zielgruppen relevant.

Soziale Netzwerke wie Xing bieten auch die Möglichkeit, sich in Foren und Newsgroups auszutauschen. Die Vielfalt ist enorm, jeder kann ein für sich spannendes Themenfeld finden. Wer nicht nur Beiträge einbringen oder Kommentare abgeben möchte, kann sein eigenes Forum gründen oder sich als Moderator einbringen. Wenn bei Ihrem Arbeitgeber dieses Feld bisher nicht bespielt wird, könnte sich hier ein interessanter Ansatzpunkt ergeben, wenn Sie Spaß an digitalen Medien haben.

Was bei der Moderation einer Fachgruppe bei Xing zu beachten ist

Sonja Dietz ist Gründerin des Text- und Pressebüros Dietz (www.text-und-pressebuero-dietz. de). Für ihre Kunden aus dem Online-, Print- und PR-Umfeld schreibt sie Fachartikel, entwickelt Strategien zum zielgruppengerechten Aufbau firmeneigener Social-Media-Kanäle und befüllt diese mit passgenauem Content in Schrift und Bewegtbild. Sie beschreibt hier aus der Praxis, worauf bei der Moderation einer Xing-Gruppe zu achten ist.

Kommunikation unterliegt einem rasanten Wandel. Nie war es einfacher, den Kontakt zu einer Zielgruppe aufzunehmen und Interesse zu wecken. Soziale Medien wie Facebook, Twitter, Xing und Co. ebnen dafür den Weg. Doch um hier erfolgreich zu sein, sind die richtigen Inhalte und eine passgenaue Ansprache das A und O. Eine Gruppe auf Xing eignet sich optimal, um in direkten Kontakt mit einer konkreten Zielgruppe zu treten und gleichzeitig den Namen des eigenen Unternehmens zu stärken. Anders als beim traditionellen Marketing sollte dabei der Firmenname eher im Hintergrund bleiben. Im Gruppenlogo und im Profil der Moderatoren darf er natürlich zu sehen sein. Das war's dann aber auch schon wieder. Denn eine Xing-Gruppe ist auf Content-Marketing ausgerichtet, das sich ausschließlich über mehrwertige Informationen speist. Plumpe Produktplatzierungen und Werbebotschaften sind fehl am Platz.

Stattdessen geht es darum, das eigene Unternehmen als Wissensträger im Markt zu positionieren und sich über das Teilen von Kompetenzen das Vertrauen potenzieller Kunden zu verdienen. Dazu bedarf es in erster Linie eigener Inhalte, die in der

Gruppe gepostet werden können. Hier gibt es zweierlei Möglichkeiten: Man verfasst direkt in der Gruppe Beiträge. Oder man betreibt einen Corporate Blog, teasert die Artikel in der Gruppe an und verweist zum weiteren Lesen per Link auf das hauseigene Online-Magazin, das exakt auf die im Haus verfügbaren Kompetenzen zugeschnitten ist. Es spricht auch nichts dagegen, hauseigene Experten zu bestimmten Fachthemen zu Wort kommen zu lassen und als Wissensträger aufzubauen.

In der Gruppe auf den entsprechenden Link zu verweisen hat den Vorteil, dass sich der Leser auf der Webseite der eigenen Firma befindet und bei Gefallen zu weiteren Klicks animiert wird; vielleicht sogar auf den Leistungs- oder Produktbereich. Das fleißige Teilen der eigenen Beiträge, die im Idealfall in einer leicht verständlichen und fröhlichen Sprache verfasst sind, ist aber nur die eine Seite der Medaille in einer Xing-Gruppe. Es kommt auch darauf an, die Qualität der Beiträge immer gleichbleibend hoch zu halten. Dazu bedarf es einer regelmäßigen Kontrolle der externen Postings anderer Gruppenmitglieder. Dabei gilt das Gleiche wie für die eigenen Beiträge: Mehrwert ist Trumpf, Werbung fliegt raus.

Optimal ist es, wenn ein Beitrag Aufmerksamkeit erregt und kommentiert wird. Selbst Negativkommentare sind nicht schlimm, so lange die Diskussion auf den Inhalt bezogen geführt wird. Hierbei ist es wichtig, dass sich alle Kommentatoren an die geltenden Nettikette-Regeln halten: Sachliche und weiterführende Kritik darf geäußert werden, Beleidigungen sind fehl am Platz. Und nicht zuletzt sollten Moderatoren die Zahlen, Daten und Fakten im Blick behalten. Je mehr Gruppenmitglieder sich einschreiben, umso lebendiger und abwechslungsreicher geht es zu. Daher sollte die Gruppengröße gezielt durch das Einladen firmeneigener Kunden oder potenzieller Kunden aufgebaut werden. So hat man den Fuß in der Tür, um in den eigenen Markt zu gelangen.

2.1.2 Special: Networking Generation Y

Jörg Brenner ist Masterabsolvent und befindet sich gerade an der Schwelle in die Berufswelt. Als Vertreter der Generation Y ist er mit sozialen Medien aufgewachsen. Sie sind für ihn fester Bestandteil seiner Kommunikation. In diesem Special beschreibt er sein Verständnis von Networking und vom Einsatz der sozialen Medien.

Mein Großvater ist überzeugter Internetverweigerer, der seine breite Allgemeinbildung zumeist aus Printmedien sowie Radio und Fernsehen bezieht.

Das Prinzip sozialer Netzwerke im Internet lässt ihn völlig kalt und seine gesamte schriftliche Kommunikation funktioniert auch für seine Zwecke per »Snail-Mail« hervorragend. Diese vollkommen asynchrone Kommunikation stellt für ihn kein Problem dar, wohingegen ich und sogar viele deutlich Ältere verrückt werden würden, wenn sie Tage auf eine Antwort warten oder wegen jeder Nachricht die nächstgelegene Poststelle aufsuchen müssten.

Zugegeben, eine handschriftlich verfasste und mit Briefmarken versehene Nachricht stellt qualitativ betrachtet eine deutlich intensivere und wertschätzendere Kommunikationsform dar als der Klick auf einen Like-Button oder eine mit unzähligen Schreibfehlern versehene Online-Messaging-Nachricht. Darauf kommt es in den meisten Fällen beim Kontaktknüpfen und -halten aber gar nicht an. Meine Generation möchte relevante Informationen zu jedem Zeitpunkt und an jedem Ort sofort verfügbar haben. Dadurch ergibt sich ein sehr zielorientierter, wenngleich manchmal auch direkter Konversationston, der natürlich auch immer davon abhängt, in welchem Verhältnis die »Online-Bekannten« zueinander stehen.

»Mit den ganzen Menschen auf Facebook hast du doch gar nichts zu tun. Und weißt du überhaupt, wer das alles so liest?«, das sagt mein Großvater, wenn ich versuche, ihm die Vorteile sozialer Plattformen näher zu bringen. Und ja, die 500 Facebook-»Freunde« würde ich selbst trotz der so gewählten Bezeichnung seitens der Plattform eher als Bekannte einstufen. Die meisten meiner Kontakte in den sozialen Netzwerken sind eben keine besten Freunde. Vielmehr geht es um lockere Verbindungen und zugleich um hervorragende Anlaufstationen, Anknüpfungspunkte und Schnittstellen zu wieder anderen engeren Netzwerken.

Genau hier liegt der große berufliche Nutzen sozialer Netzwerke, den sich besonders die Generation Y geschaffen hat. Da ich alle meine Kontakte zumindest einmal persönlich getroffen habe, findet das virtuelle »Ansprechen« nicht mehr unter völlig Fremden statt, sondern ermöglicht mir in vielen Fällen direkte (und auch ehrliche) Einblicke in ein Unternehmen oder eine Branche – frei von Formzwängen und Unternehmenspolitik. Gleichzeitig bietet das Kontaktieren von Social-Media-Teams in den sozialen Netzwerken die Möglichkeit, in kurzer Zeit einen Kontakt zu Unternehmen aufzubauen. Private Nachrichten sowie – öffentlichkeitswirksamer und daher mit etwas mehr Nachdruck versehen – Fragen und Kommentare auf der jeweiligen Firmenpinnwand haben mir schon oft interessante Informationen über Kontaktpersonen, offene Stellen und den Bewerbungsprozess beschert. Manchmal scrollt man sich genervt durch eine Riesenmenge an gesponserten Werbebannern von Unternehmen und Stellenausschreibungen, aber letztendlich möchte ich ja direkte Informationen, ohne etliche Homepages regelmäßig durchklicken zu müssen.

Man mag es für oberflächlich und sehr angelsächsisch halten, viele lose Kontakte als Freunde zu bezeichnen. Doch letztendlich profitieren wir alle von einem mög-lichst großen Netzwerk, auf das wir uns – besonders als noch am Arbeitsmarkt unerfahrene Berufsstarter – beziehen können. Und gerade in diesem Feld ermög-licht die digitale Kommunikation neue Möglichkeiten der Vernetzung. Wohl gut, dass mein Großvater heute keinen neuen Job mehr zu suchen braucht.

2.1.3   Wissenschaftliche Gesellschaften

In wissenschaftlichen Gesellschaf-ten finden sich Menschen zusam-men, die ein fachliches Thema ver-bindet. Sie haben in der Regel einen ähnlichen beruflichen Hintergrund oder stammen aus der gleichen Studienrichtung. Wenn Sie also sehr fachbezogen sind, könnte sich hier ein guter Startpunkt für Ihre Netzwerkarbeit ergeben, da die Menschen, die sie dort treffen, ähnlich ticken wie Sie.

Eine wissenschaftliche Gesellschaft, die viel zu bieten hat: GDCh

Dr. Karin J. Schmitz ist promovierte Chemikerin und Leiterin der Presse- und Öffentlichkeits-arbeit der GDCh Gesellschaft Deutscher Che-miker e. V. (www.gdch.de). Sie hat viele Jahre auch den Karriere-Service der GDCh geleitet und ist mit Themen der beruflichen Planung und Weiterentwicklung sehr gut vertraut. Frau Dr. Schmitz zeigt am Beispiel der GDCh, welche An-satzpunkte für das Networking in einer solchen Organisation bestehen.

Eine wissenschaftliche Gesellschaft ist ein hervorragender Ort zum Netzwerken. Die Mitglieder, egal welcher Altersgruppe sie angehören und in welcher beruf-lichen Situation sie sich befinden, eint das Interesse an ihrem Fach und am fach-

lichen Austausch. Zudem finden im Umfeld einer wissenschaftlichen Gesellschaft oft Veranstaltungen statt, bei denen Mitglieder sich begegnen und Kontakte knüpfen können. Die einen schätzen die Tagungen am meisten, weil dabei die neuesten wissenschaftlichen Erkenntnisse ausgetauscht, in den Kaffeepausen häufig neue Kontakte geknüpft oder Kooperationen angebahnt werden. Die anderen sind lieber in ihrer Region aktiv und organisieren vor Ort wissenschaftliche Vorträge oder engagieren sich, indem sie Stammtische oder andere gesellige Events organisieren.

Fortbildungsveranstaltungen oder Workshops sind ebenfalls gute Gelegenheiten, sich nicht nur weiterzubilden, sondern auch Gleichgesinnte kennenzulernen. Wer den intensiven Austausch in einer kleinen Gruppe schätzt, engagiert sich vielleicht lieber in einer Kommission, die bestimmte Projekte durchführt. Andere bevorzugen die Kooperation mit anderen Gesellschaften, die ähnliche Ziele verfolgen. Und so manches Mitglied managt mit großem Engagement die Kommunikation über einen Blog, eine Facebook- oder Xing-Gruppe oder ein anderes Medium. All das ist dazu geeignet, das eigene berufliche Netzwerk zu erweitern.

Bei der GDCh – mit 31.000 Mitgliedern die zweitgrößte wissenschaftliche Gesellschaft Europas – gibt es 60 regional gegliederte Ortsverbände und 54 Jungchemikerforen. Fachübergreifend und deutschlandweit sind die Mitglieder in 33 themenorientierten Fachgruppen oder Arbeitsgemeinschaften aktiv. Die nicht mehr im Beruf Stehenden engagieren sich bei den Seniorexperten Chemie, im Arbeitskreis Chancengleichheit in der Chemie schließen sich Chemikerinnen aus Hochschule, Industrie und öffentlichem Dienst zusammen. »Trotz ihrer nahezu 150-jährigen Geschichte ist die GDCh jung geblieben in dem Sinn, dass sie aus sich selbst heraus immer wieder neue Möglichkeiten der Partizipation und des Engagements schafft. Das wissen die Mitglieder zu schätzen«, sagt Dr. Gerhard Karger, Leiter Mitgliedermarketing/Fach- und Regionalstrukturen. Bei all diesen Aktivitäten entstehen nicht nur Netzwerke, sondern manchmal auch Freundschaften, die mitunter ein ganzes (Berufs)Leben halten.

Übung

Recherchieren Sie, welche Organisationen es in Ihrem Fachgebiet gibt, in denen Sie sich inhaltlich einbringen oder austauschen können und wollen. Was bieten die Gesellschaften? Was sind die Voraussetzungen für eine Mitgliedschaft? Wie hoch ist der Mitgliedsbeitrag?

ARBEITSHILFE
ONLINE

2.1.4 Überfachliches Engagement an der Hochschule

Sie wollen nicht nur Vorlesungen besuchen und wissenschaftlich arbeiten, sondern etwas bewegen und Kontakte in die reale Arbeitswelt knüpfen? Dann bietet sich ein überfachliches Engagement an der Hochschule an. Hier gibt es eine Vielzahl an Möglichkeiten, zum Beispiel Kooperationen mit Unternehmen, Fachschaftsprogramme, studentische Unternehmensberatungen oder Studentenvereinigungen. Vorgestellt wird hier beispielhaft ein spannendes Projekt der TU Darmstadt. Dort findet jedes Jahr die Hochschulkontaktmesse konaktiva statt, die Studenten und Unternehmen zusammenbringen soll. Die Besonderheit ist, dass die Rekrutierungsmesse komplett von einem Team aus Studenten geplant und durchgeführt wird. Ein ganz schönes Projekt, das da jedes Jahr auf die Beine gestellt wird.

konaktiva-Engagement bei einer Hochschulkontaktmesse

Tara Nowak hat über Jahre hinweg in verschiedenen Funktionen im Zusammenhang mit der konaktiva gearbeitet, zuletzt als Geschäftsführerin. Sie beschreibt ihre Motivation für ihr Engagement und was sie daraus für sich mitnehmen kann.

Der Bachelor in Mathematik lässt sich in der Regelstudienzeit absolvieren, doch kam in mir auch das Bedürfnis auf, über den Tellerrand hinauszuschauen. Neben dem Uni-Alltag wollte ich mich persönlich weiterentwickeln und mich ehrenamtlich engagieren. Freunde haben mich damals gefragt, ob ich als Messepatin die konaktiva, die in Darmstadt ansässige Unternehmenskontaktmesse, drei Tage lang unterstützen wolle. Dort habe ich dann dem studentischen Organisationsteam zur Seite gestanden und sechs Unternehmen durch ihren Messetag begleitet und sie betreut. Auf der Messe präsentieren sich 261 Unternehmen an drei Tagen im Wissenschafts- und Kongresszentrum darmstadtium, um mit Studenten in Kontakt zu treten und diese für sich zu begeistern. In diesem Rahmen hatte ich zum ersten Mal näheren Kontakt zu Personalern aus verschiedenen Unternehmen und geriet prompt in die merkwürdige Situation, nach einem recht anregenden Gespräch nach meiner Visitenkarte gefragt zu werden. Nur hatte ich damals als Bachelorantin mit Anfang 20 keine. Heute würde mir das nicht mehr passieren. Ich habe inzwischen immer Visitenkarten bei mir, um schnell und unkompliziert Kontaktdaten austauschen zu können.

Das äußerst professionelle Auftreten während der Messe, der Teamzusammenhalt und der Kontakt zu den vielen Unternehmen vom Start-up bis zum Großkonzern imponierten mir so sehr, dass ich ebenfalls ein Teil des interdisziplinär aufgestellten konaktiva-Teams wurde. In meinem ersten Jahr bei der konaktiva arbeitete ich im Ressort Informationstechnik. Die Arbeit hier fand eher im Hintergrund statt, sodass zu Kunden und Geschäftspartnern nur wenig Kontakt bestand. Dennoch lernte ich in diesem Jahr die Vorteile des Networkings schätzen. Beim Umgang mit den knapp 40 studentischen Teammitgliedern unterschiedlichster Studienrichtungen sowie unseren Alumni, die teilweise noch studierten oder schon den Einstieg ins Berufsleben gemeistert hatten, profitierte ich von deren Erfahrungen im Studium und Arbeitsmarkt. Zudem bekam ich das ein oder andere Stellenangebot.

Im Jahr darauf wählte mich das Team zur Projektleitung und Geschäftsführung. So kamen weitere Kontaktschnittstellen hinzu, zum Beispiel zu fast 500 Unternehmen, zur Universität, zu anderen Hochschulgruppen, zur Stadt Darmstadt, zu Politikern und vielen Geschäftspartnern der konaktiva. Vor allem die Arbeit als Projektleitung hat mir neben den wertvollen Kontakten einiges an Anerkennung gebracht, unter anderem bei Professoren und Dozenten, die die konaktiva schon seit vielen Jahren kennen. Dadurch, dass ich für meine Arbeit geschätzt wurde, sprachen viele Leute mit mir auf Augenhöhe. Diese Türen hätten sich mir nicht als normale Studentin geöffnet.

Der rege Austausch mit vielen Menschen in unterschiedlichen Bereichen hat meinen Horizont erweitert und ich habe Anregungen erhalten, die mir in privaten und beruflichen Angelegenheiten sehr häufig weiterhalfen. Deswegen kann ich jedem empfehlen, sich ehrenamtlich zu engagieren und die Chancen, die einem angeboten werden, zu nutzen. Die geknüpften Kontakte, aber vor allem die Erfahrungen, die man einmal gemacht hat, kann einem niemand nehmen.

ARBEITSHILFE
ONLINE

Übung

Informieren Sie sich an Ihrer Hochschule, welche Aktivitäten angeboten werden und wo Sie sich engagieren können. Haben Sie schon von Studentenorganisationen wie bonding-studenteninitiative e. V., AIESEC oder Netzwerken wie e-fellows und squeaker.net gehört? Es gibt eine Vielzahl von Möglichkeiten, das Reinschnuppern lohnt sich.

2.1.5 Alumni-Netzwerke

In den USA ist die Identifikation von Studenten mit ihrer Hochschule sehr stark ausgeprägt. Dies zeigt sich nicht nur darin, dass diese stolz die T-Shirts mit dem Logo und dem Namen ihrer Hochschule tragen, sondern auch an der Zahl der Studenten, die nach Abschluss ihrer Ausbildung in den Alumni-Organisationen Mitglied werden. Solche Verbände nehmen als Mitglieder ehemalige Studenten einer bestimmten Hochschule auf. Sie gelten als wichtige Sponsoren- und Lobby-Gruppen, die unter anderem den Kontakt zwischen Wirtschaft und Hochschule fördern. Alumni, die mittlerweile in den Unternehmen tätig sind, werden häufig auch beim Recruiting bewusst eingebunden, zum Beispiel nehmen sie an Jobinterviews mit Bewerbern »ihrer« Hochschule teil.

In Deutschland entwickelt sich inzwischen ebenfalls eine Alumni-Kultur, wie auch der Beitrag von Tara Nowak zeigt. Sich hier zu engagieren stellt eine gute Möglichkeit dar, um ein vertrautes Umfeld in das Berufsleben mitzunehmen und selbst Bindeglied zwischen Hochschule und Wirtschaft zu sein.

Alumni-Netzwerke – Networking mit Vertrauensvorschuss

Foto: Katrin Binner

Inken Bergenthun, Alumni-Managerin an der TU Darmstadt berichtet aus der Praxis.

Der Begriff »Alumni« bezeichnet die AbsolventInnen einer Bildungseinrichtung. In den USA reicht die Tradition des Alumni-Engagements bis ins 19. Jahrhundert zurück. An deutschen Hochschulen etablierten sich Alumni-Organisationen erst ab dem Ende der 1980er Jahre.

Die Basis eines Alumni-Netzwerks bildet in der Regel eine Datenbank, in der Ehemalige einander suchen und finden können. Die Vorteile sind klar: Alle kommen aus demselben Stall und haben eine ähnliche Ausbildung genossen. So ergibt sich ein Vertrauensvorschuss bei der gegenseitigen Kontaktaufnahme.

Zudem schaffen die Alumni-Organisationen Angebote, um Studierende und Ehemalige miteinander zu vernetzen. So informieren die »Ex-Päds« in einer Vortragsreihe am Fachbereich Humanwissenschaften der TU Darmstadt Pädagogik-Studierende über ihre beruflichen Möglichkeiten. Häufig ergeben sich bei diesem Austausch unmittelbar Chancen, beispielsweise auf Praktika.

Auch das Job-Shadowing der RWTH Aachen zielt darauf ab, Einblicke ins Berufsleben zu geben. Dafür lassen sich Alumni von einem Studierenden für einen Tag an ihrem Arbeitsplatz »beschatten«. Dagegen geht es beim Mentoring um längerfristige Unterstützung durch Alumni bei der Studien-, Berufs- und Lebensplanung. »Mein Mentor ist über die Zeit für mich zur wichtigsten Ansprechperson für alle beruflichen Fragen geworden«, so ein Teilnehmer des Mentoringprogramms von ABSOLVENTUM MANNHEIM, dem Absolventennetzwerk der Universität Mannheim e. V.

Ein wichtiges Netzwerkangebot stellen auch Regionalgruppen und deren Treffen, die von den Alumni selbst organisiert werden, dar. Unter anderem laden Alumni zum Besuch des eigenen Arbeitgebers ein. Für den Gastgeber liefert der Austausch wertvolles Feedback, die Gäste gewinnen spannende Insights. »Ich persönlich habe auf meinem ersten Absolventum-Treffen nicht nur Einblicke in das Verlagswesen erhalten, sondern auch spannende Menschen wiedergetroffen und neu kennengelernt!«, berichtet ein Vereinsmitglied.

Trotz der Vielfalt aller Angebote beobachte ich bei meiner Arbeit jedoch eines: Was daraus entsteht, hängt wie in jedem Netzwerk vom Engagement der Mitglieder ab. Für ein gutes Alumni-Angebot lassen sich die Hochschulen so allerlei einfallen. Ein großartiges Alumni-Angebot wird von den Ehemaligen selbst initiiert und getragen. Ich ermuntere daher ausdrücklich alle Alumni: Bringen Sie sich ein!

(Die gemachten Angaben basieren auf Gesprächen mit Alumni-Beauftragten der genannten Hochschulen, Quelle für die Zitate ist https://www.absolventum.de mit freundlicher Genehmigung von Sebastian Hoffmann.)

ARBEITSHILFE
ONLINE

Übung

Gibt es an Ihrer Hochschule ein Alumni-Netzwerk? Dann nehmen Sie mit den Ansprechpartnern Kontakt auf und prüfen Sie für sich, ob Sie Lust darauf haben, hier anzudocken. So können Sie sehr elegant auch den Kontakt zu Ihren Studienkollegen halten und haben für Ihren Arbeitgeber als Bindeglied zur Hochschule Mehrwert zu bieten.

2.1.6 Mentoringprogamme

Man muss ja nicht alle Fehler selbst machen. Oft ist es sehr hilfreich, von erfahrenen Managern Einblicke und Hilfestellungen zu bekommen. Mentoringprogramme setzen genau hier an, indem sie Nachwuchskräften (Mentees) die Möglichkeit bieten, sich mit einem erfahrenen Partner (Mentor) auszutauschen und von ihm zu lernen.

Dass solche Tandems auch für die Mentoren hilfreich sind, bestätigt sich immer wieder in der Praxis. Schließlich kann der Mentee durch seinen noch unvoreingenommenen Blick auf Themen dem Mentor neue Sichtweisen vermitteln und ein offenes Feedback geben. Zudem kann vor allem durch den Altersunterschied und die oft sehr unterschiedlichen Kompetenzen der Austausch für beide Partner ein Gewinn sein.

»Wie ich zum Netzwerken kam«

Viktoria Weigel ist seit vielen Jahren Mentorin in unterschiedlichen Programmen. Sie beschreibt, wie sie selbst von der Erfahrung anderer profitieren konnte und warum dies für sie eine wichtige Motivation darstellt, nun selbst die Rolle der Mentorin auszuüben.

Immer wieder ist von Netzwerken die Rede – und davon, was man damit alles erreichen kann. Ich möchte an einem persönlichen Beispiel zeigen, wie sich das für mich darstellt und wie ich in meinem weiteren Berufsleben diese Erfahrungen nutze: Als ich mich im zweiten Studiensemester mit dem sogenannten roten Faden meines Berufswegs beschäftigte, hatte ich das Glück, zu einem besonderen Abendessen eingeladen zu werden. Ein alter Freund hatte für mich ein Treffen mit seinen Taufpaten arrangiert, um darüber zu sprechen. Ich traf ein älteres Ehepaar an, beide mit hohen Führungspositionen als beruflichem Hintergrund. Sie luden mich ein, von ihrem langjährigen Wissen zu profitieren. Im beruflichen Kontext nahmen sie mir mein Unbehagen wegen meines – von außen betrachtet – nicht ganz linear verlaufenen Berufswegs. Und sie gaben mir den Mut, zu all meinem beruflichen Stationen zu stehen.

Dieses Abendessen war für mich eine Schlüsselsituation – beruflich und menschlich gesehen. Mir wurde einerseits bewusst, welch ein Glück ich hatte, dass mir mein Freund wunderbare Gesprächspartner vorgestellt hatte. Zum anderen fand ich es toll, dass sie in mir einen Menschen auf Augenhöhe sahen und ihnen meine Gedanken und Ansichten wertvoll waren. Eine schöne Erfahrung!

Genau das möchte ich in meinem täglichen Leben weitergeben, daher bin ich seit vielen Jahren in diversen Programmen ehrenamtlich als Mentorin tätig – derzeit bei www.power-mentoring.de, ein Crossmentoringprogramm für Frauen und Männer in kleinen und mittelständischen Unternehmen. Ebenso bin ich über meinen Arbeitgeber, ein Unternehmen in der Luftfahrt, im www.Mentorinnen-Netzwerk.de aktiv, ein Mentoringprogramm für Frauen in Naturwissenschaft und Technik in einer hochschulübergreifenden Einrichtung der hessischen Universitäten und Fachhochschulen. Es fördert Studentinnen und Doktorandinnen der MINT-Fächer (Mathematik, Informatik, Naturwissenschaft und Technik) gemeinsam mit kooperierenden Unternehmen und Forschungseinrichtungen.

Ein Grundgedanke beider Programme ist die Vernetzung und der damit einhergehende Austausch von Informationen und Wissen. Die Mentees werden hier über ein Jahr begleitet, in dieser Zeit steht man als »Berufserfahrene« beziehungsweise Mentorin mit dem eigenen Wissen zur Verfügung und ermöglicht Einblicke in Firmen, andere Netzwerke und Themen. Umso spannender ist dies, wenn man weiß, dass zum Beispiel das MentorinnenNetzwerk mit über 2.400 Mitgliedern zu den größten Mentoringprojekten in der europäischen Hochschullandschaft gehört und als Best-Practice-Modell für gleichstellungsorientierte Nachwuchsförderung gilt.

Und auch wir berufserfahrene Mentorinnen treffen auf neue und spannende Themen, interessante Menschen und Wissensfelder, beispielsweise beim Besuch des GSI Helmholtzzentrums für Schwerionenforschung. Ohne aktiven Kontakt zu anderen Mentorinnen wäre eine solche Firmenbesichtigung mit vielen Wissenschaftlerinnen und Forscherinnen sicherlich nicht so einfach möglich gewesen. Voraussetzung ist allerdings, die Grundgedanken eines Netzwerks zu leben und aktiv etwas einzubringen. Denn nur so entsteht ein Austausch und man wird reich beschenkt. Ich selbst bin dankbar für die vielen Kontakte und Möglichkeiten. Besonders wertvoll sind mir die Freundschaften, die sich über die Jahre entwickelt haben, und das damit einhergehende Vertrauen.

Übung

Wäre ein Mentoringprogramm für Sie interessant? Als Mentee oder als Mentor? Wenn ja, recherchieren Sie, welche Programme in Ihrer Region und in Ihrem beruflichen Umfeld angeboten werden. Was sind die Teilnahmevoraussetzungen? Über welchen Zeitraum laufen die Programme? Welches zeitliche Engagement ist einzuplanen? Entstehen Kosten?

2.1.7 Netzwerken in der Weiterbildung

Die berufliche Weiterbildung stellt ebenfalls eine ideale Plattform für das Networking dar. Indem Sie sich auf einem Gebiet weiter professionalisieren, treffen Sie unweigerlich auf Menschen, die mit Ihnen Interessen teilen und wie Sie bestrebt sind, sich weiterzuentwickeln. Die Chance, dabei auf Personen zu stoßen, mit denen Sie viel verbindet, ist enorm groß. Oftmals gestaltet sich der Kontakt während einer Weiterbildung sehr intensiv und verläuft sich dann mit zunehmendem zeitlichem Abstand.

Netzwerken bei der Coaching-Ausbildung

Elke Sieger, die seit vielen Jahren eine systemische Coaching-Ausbildung anbietet (www.siegerconsulting.de), wollte mehr. Im Folgenden beschreibt sie, wie sie die Coaching-Ausbildung in eine Netzwerkstruktur eingebunden hat und welcher Mehrwert sich dadurch für alle Beteiligten ergibt.

Im Rahmen meines Angebots einer systemischen Coaching-Ausbildung habe ich mir viele Gedanken über das »Netzwerken« während und nach der Ausbildungszeit gemacht. Auf jeden Fall vertrete ich die Meinung, dass in dem Tätigkeitsfeld als Coach ein kollegialer Austausch und damit auch das »Netzwerkeln« unerlässlich ist. Dabei stellt sich natürlich die Frage nach dem Wie und nach der angemessenen Dosis. Wir alle haben heutzutage viele Termine, Zeitdruck und sind oftmals ohnehin schon überflutet durch das digitale soziale Netzwerken. Insofern war es mir wichtig, auf den tatsächlichen Mehrwert und Nutzen des kollegialen Austauschs zu achten.

Seit mehr als zehn Jahren haben sich für mich und meine Ausbildungskollegen verschiedene Formen des Austauschs untereinander bewährt mit dem Ziel, unsere Ausbildungsabsolventen auf ihrem Weg als frischgebackene Coaches bestmöglich zu unterstützen.

- *Coaching-Forum: Alle Ausbildungsgruppen sind während und auch nach den Curricula über ein webbasiertes Coaching-Forum (www.teamspace.de) vernetzt, was den kollegialen Austausch erleichtert und die Vernetzung im professionellen Feld fördert. Gemeinsam vereinbarte Regeln helfen dabei, den rund 500 Mitgliedern des Forums einen wohldosierten Umgang mit aktuellen Informationen zu ermöglichen. So werden hin und wieder spannende Workshop-Formate, interessante Kongressangebote sowie Weiterbildungen empfohlen oder beispielsweise Coaching-Räume zum Vermieten angeboten. Es bilden sich regionale Supervisionsgruppen, die sich regelmäßig zum professionellen Austausch treffen. Auch Personalverantwortliche, die oftmals Teilnehmer unserer Kurse sind, stellen Coaching-Anfragen oder andere Beratungsaufträge ins Forum ein. Zudem kann ich als Ausbilderin die sogenannte Bestandskundenpflege betreiben, indem ich ausgewählte aktuelle Workshops und Seminare rund um das Thema Coaching dort platziere. Die Kunden vertrauen unseren Angeboten und wissen recht genau, was sie da buchen. Fazit: Ein webbasiertes Forum ist hilfreich und nützlich, wenn klare Vereinbarungen im Umgang sowie der Nutzen klar dargestellt werden.*
- *Coach-Pool: Nicht wenige erfahrene und im Markt erfolgreiche Coaches absolvieren bei SiegerConsulting die Ausbildung zum systemischen Coach, um beispielsweise ihren Methodenkoffer zu erweitern oder um die systemische Haltung stärker zu verinnerlichen. Diesen Coaches biete ich direkt auf meiner Webseite einen Eintrag in den sogenannten Coach-Pool an. Hier können sich professionelle Coaches mit Profilbild und Eckdaten zur eigenen Vita registrieren lassen – vorausgesetzt sie erfüllen die Qualitätskriterien beim Aufnahmeverfahren. Bei Kundenanfragen, habe ich die Möglichkeit, passgenaue Coaches aus dem Pool zu empfehlen. Der Kunde bekommt eine persönliche Empfehlung und der Coach erhält einen Auftrag!*
  So bedankte sich kürzlich eine Absolventin, die Mitglied im Coach Pool ist, für einen Coaching-Auftrag, den sie über meine Webseite erhalten hatte, und betonte, dass es insbesondere für die ersten Schritte als selbstständiger Coach wichtig ist, »im Netz gesehen zu werden«. Für uns als Ausbildungsinstitut ist es hilfreich, wenn wir unsere ausgebildeten Coaches auch zeigen können. Damit unterstützen wir Weiterbildungsinteressenten bei der mittlerweile schwierigen Auswahl einer fundierten und praxisnahen Coaching-Ausbildung und wir versuchen, uns damit von unseriösen Weiterbildungsangeboten abzugrenzen.
- *Coaching-Stammtisch: Vielen selbstständigen Beratern und Coaches fehlt der kollegiale Austausch. Dabei geht es in erster Linie gar nicht immer um den fachlichen Austausch, sondern einfach darum, mal zu hören, wie es den anderen Coaches/Beratern so geht. Das Gefühl, im eigenen Saft zu schmoren, ist diesen Menschen nicht ganz unvertraut. Hier steht das Zwischenmenschliche, das Plaudern über ein gemeinsames Tätigkeitsfeld im Vordergrund. Unser*

quartalsmäßiger Coaching-Stammtisch zielt genau auf diese Bedürfnisse ab. Das Erstaunliche dabei ist, dass sich zu Beginn des Stammtischs die meisten Coaches nicht kennen, da sie zu unterschiedlichen Zeitpunkten die Ausbildung gemacht haben. Nach zwei Stunden lockeren und inspirierenden Gesprächen spürt man von dieser Fremdheit nichts mehr. Unser Fazit: Gelungenes und entspanntes Netzwerken ist nicht nur nützlich, sondern macht auch Spaß.

ARBEITSHILFE
ONLINE

Übung

Stellen Sie alle Weiterbildungen, die Sie bisher gemacht haben, systematisch zusammen. Die folgende Tabelle zeigt Ihnen, wie es geht, sie ist auch als Arbeitshilfe online verfügbar.

Weiterbildungsübersicht

Thema	Zeitraum/ Umfang	Inhalte	Abschluss (Prüfung/ Zertifikat)	Anbieter (Institution)
Systemisches Coaching	4 Module, 180 Std., 6 Monate	Haltung, Prozess Methoden, Fälle, siehe Curriculum	Zertifikat, Abschlussarbeit	SiegerConsulting
Konflikt- management	2 × 3 Tage 2017	Harvard- Konzept	Zertifikat	IHK
Motorboot- führerschein Binnen	2 Wochenenden	Siehe Prüfungs- ordnung	Führerschein	Yachtschule Beck

Gibt es für die Zukunft Weiterbildungen, die für Sie interessant oder reizvoll wären? Informieren Sie sich, wer mögliche Anbieter sind. Berücksichtigen Sie bei der Wahl des Anbieters auch, ob er im Anschluss an die Aus- oder Weiterbildung konkrete Angebote für das Networking hat. Gibt es Netzwerktreffen oder sonstige Gelegenheiten, um weiterhin mit den Teilnehmern oder dem Anbieter der Weiterbildung im Kontakt zu bleiben? Hätten Sie Interesse, zum Beispiel selbst einen Stammtisch zu organisieren?

2.1.8 Berufsverbände

Wer sich in seinem beruflichen Gebiet mit anderen zusammenschließen und fachlich austauschen oder auch die Interessen seiner Berufsgruppe nach außen vertreten möchte, kommt an Berufsverbänden nicht vorbei. Dabei kann es sich um sehr große Verbände wie den Verband Deutscher Ingenieure VDI mit über 150.000 Mitgliedern handeln oder eher kleine, feine Vereinigungen. Je größer der Verband ist, desto breiter gestaltet sich in der Regel das Angebot. Um hier der Anonymität entgegenzuwirken, wird häufig in Regional- und/oder Fachgruppen unterteilt.

Die DGfK: mehr als ein Berufsverband

Dass kleinere Verbände durchaus ihren Reiz haben können, zeigt die DGfK Deutsche Gesellschaft für Karriereberatung e.V. (www.dgfk.org), ein Zusammenschluss engagierter Karriereberater, den ich 2002 nach meiner Rückkehr aus den USA mit einigen Kollegen gegründet habe. Meine Motivation war der Wunsch, auch in Deutschland das Thema Karriereberatung stärker zu etablieren, Ratsuchenden eine seriöse Anlaufstelle und professionellen Beratern eine berufliche Heimat zu geben. Der gemeinnützige Verein sollte hohe Qualitätsstandards setzen und nur Berater aufnehmen, die diese sowohl fachlich als auch persönlich erfüllen. Deshalb gibt es nicht nur formale Aufnahmekriterien, sondern zusätzlich sind Empfehlungen zweier Mitglieder erforderlich.

Meine Kollegin **Jutta Boenig** (www.boenig-beratung-deutschland.de) beschreibt aus ihrer Sicht, was die DGfK besonders macht.

Im Frühjahr 2002 war ich geschäftlich im Rheinland und traf, eher zufällig, einen mir bekannten Kollegen. Wir wollten nur schnell einen Kaffee trinken und uns über das Neuste austauschen – dann wurde es abendfüllend. Denn er berichtete mir von einem Vorhaben, das schon weit gediehen war: die Gründung der Deutschen Gesellschaft für Karriereberatung. Berufsverbände kannte ich, doch je mehr ich über den Hintergrund von diesem erfuhr, umso faszinierter war ich.

Sollte es möglich sein, einen Verband ins Leben zu rufen, dessen Gründungsidee zuvorderst auf Werten und Ethik beruhte? Welchen Stellenwert nahm der fachbezogene Austausch ein? Wie sollte sich das gestalten – mit Regionalgruppen? Warum »Deutsche Gesellschaft«? Wie könnte man alle Kollegen unter einen Hut bekommen? Fragen über Fragen. Den wichtigsten und mich vollends überzeugenden Satz sagte der Kollege im Lauf des Abends, als er Doris Brenner erwähnte, die Ideengeberin und Gründerin. Ihre Vision sah in etwa so aus: »Ich stelle mir vor, dass Kollegen mit einem ähnlichen Menschenbild an einem Tisch sitzen. Wir stehen ein für menschliche Werte, für Kompetenz und Transparenz. Wir inspirieren und entwickeln uns kollegial gemeinsam weiter. Mit Humor und Energie wird das Zusammensein tragend und damit können wir bedeutend in der Fachwelt tätig sein.«

Es fiel mir leicht, diese Vision von Beginn an zu unterstützen. Im Lauf der Jahre entwickelte sich die DGfK weiter: Mitglieder traten aus, neue kamen hinzu und der »Tisch« als Synonym für die überschaubare Größe gilt bis heute. Es finden sich Persönlichkeiten zusammen, die ihre Aufgaben als Karriereberater als eine ganzheitliche Aufgabe verstehen und ausüben. Sowohl untereinander als Kollegen und sehr glaubwürdig in ihrer Arbeit sind unsere Mitglieder stets den Werten der DGfK verpflichtet und sie leben diese auch in der Außendarstellung. Die Mitglieder setzen sich ein für ihre Kunden, sie hinterfragen und stärken – und sie sehen Karriereberatung als einen ganzheitlichen, auch gesellschaftlichen Prozess. Im Mittelpunkt der Arbeit steht immer die Frage, was den Menschen beruflich und privat unterstützt und weiterbringen kann.

Die Entwicklung gestaltet sich vielfältig: Einmal handelt es sich nur um den nächsten Karriereschritt, weil die Ziele bereits klar sind, ein anderes Mal geht es – gemeinsam mit dem Sparringspartner – um die Suche nach den authentischen und umsetzbaren Zielen. Die Aufgabenpalette stellt eine große Herausforderung an uns alle, wir sind als Karriereberater auf sehr vielen Ebenen gefordert.

Auch nach fast 15 Jahren ist die DGfK mein berufliches Zuhause. Seit vielen Jahren sprechen mir die Mitglieder immer wieder ihr Vertrauen aus, indem sie mich zur Vorstandsvorsitzenden wählen. Und ich freue mich immer wieder darüber, dass ich dieses ehrenamtliche Engagement ausüben darf. Inzwischen treffen sich die Mitglieder dreimal jährlich, um sich über fachbezogene Themen auszutauschen, neueste Entwicklungen auf dem Markt vorzustellen, sich kollegial zu beraten und zu diskutieren. Die Freude, sich wiederzusehen, die Lust an der Mitarbeit, die Heiterkeit und das entspannte Zusammensein tragen diese Treffen. Letzten Winter hatten wir bei unserem Treffen einen Gast, der mit folgendem Argument Mitglied werden wollte: »Nie zuvor habe ich einen Verband kennengelernt, der, neben hoher Fachkompetenz, eine so entspannte und vollkommen konkurrenzfreie Atmosphäre bietet.« Darauf bin ich, sind wir, sehr stolz.

ARBEITSHILFE
ONLINE

Übung

Wenn Sie sich für die Mitgliedschaft in einem Berufsverband interessieren, gehen Sie vorab auf Tuchfühlung. Informieren Sie sich, welche alternativen Organisationen es gibt, und schauen Sie sich diese näher an. Sie sollten auf jeden Fall mehrere Veranstaltungen besuchen und sich mit anderen Mitgliedern austauschen, bevor Sie sich für einen Verband entscheiden. Schließlich wollen Sie sich wohlfühlen und längerfristig eine berufliche Heimat finden.

2.1.9 Die Stimme der jungen Wirtschaft – Die Wirtschaftsjunioren

Wer sich in einem unternehmerisch wirtschaftlichen Umfeld einbringen möchte und jünger als 40 Jahre ist, für den können die Wirtschaftsjunioren Deutschland (WJD) unter dem Dach der Industrie- und Handelskammern (IHK) eine interessante Institution sein. Mit mehr als 10.000 aktiven Mitgliedern ist dieser Verband der größte für junge Unternehmer und Führungskräfte. Bundesweit verantworten die Wirtschaftsjunioren bei einer Wirtschaftskraft von mehr als 120 Milliarden Euro Umsatz rund 300.000 Arbeits- und 35.000 Ausbildungsplätze. Der Bundesverband WJD ist seit 1958 Mitglied der mehr als 100 Nationalverbände umfassenden Junior Chamber International (JCI).

Als aktive Bürger wollen die Unternehmer, Fach- und Führungskräfte positive gesellschaftliche Veränderungen in der Region und weit darüber hinaus bewirken. Sie helfen Schülern bei der Berufsorientierung, unterstützen Existenzgründer und Jungunternehmer und engagieren sich in sozialen Projekten. Damit erhöhen sie die Verbreitung und Akzeptanz des selbstständigen Unternehmertums. Mitglieder können mit Engagement und Spaß eigene Ideen verwirklichen sowie private und berufliche Netzwerke knüpfen – regional, national und international.

Catharina Grünsfelder zum Beispiel ist eine junge Unternehmerin im Bereich der Foto- und Filmproduktion (www.media-mission.com) und Präsidentin (Juniorenjahr 2016) der Wirtschaftsjunioren in Offenbach am Main (www.wj-offenbach.de), einer Vereinigung junger Unternehmer und Führungskräfte mit etwa 100 Mitgliedern aus allen Bereichen der Wirtschaft. Sie berichtet über ihre Motivation, sich bei den Wirtschaftsjunioren zu engagieren.

Als sich mein Lebens- und Unternehmensschwerpunkt verlagerte, wollte ich an meinem neuen Standort Kontakte knüpfen, Menschen treffen und mein Netzwerk weiter ausbauen – so geht es wohl vielen jungen Unternehmern. Wer die Wirtschaftsjunioren kennenlernt und erlebt, bemerkt sehr schnell, was sie bewegen. Unser Netzwerk und der Kontakt zu Gleichgesinnten bauen sich nicht zuletzt über die gemeinsamen Projekte und Themen auf, die uns verbinden.

Wir setzen uns für die junge Wirtschaft und das Zusammenkommen der darin Aktiven ebenso ein, wie für soziale und gesellschaftliche Themen an unserem

Wirtschaftsstandort. Mit unserem ehrenamtlichen Engagement wollen wir Verantwortung übernehmen und eine positive Veränderung bewirken. In diesem Sinne sind wir bei den unterschiedlichsten Projekten, Aktionen und Veranstaltungen aktiv. Engagement verbindet. Direkt von Anfang an war ich begeistert von der herzlichen und offenen Art und dem unkomplizierten Du, das die Wirtschaftsjunioren pflegen. Durch die gemeinsamen Werte und Ziele, die uns verbinden, bauen wir nachhaltige Netzwerke auf, die auf Kreisebene und darüber hinaus auf nationaler und sogar internationaler Eben meist über viele Jahre bestehen und sich häufig zu tiefen Freundschaften entwickeln.

Die Wirtschaftsjunioren verstehen sich darüber hinaus als Trainingsorganisation. Junge Unternehmer und Führungskräfte können sich in Themen üben, die sie vielleicht noch nicht so gut beherrschen, und sich in einem geschützten Rahmen ausprobieren. Außerdem bieten die Junioren ein breites Angebot an ausgesuchten Trainings und Academies, die ihresgleichen suchen.

Ich habe erst nach und nach erfahren und erleben dürfen, was die Wirtschaftsjunioren bedeuten – und das ist für jeden etwas anderes. Für mich war der Beitritt eine extrem wertvolle Erfahrung, die ich jedem nur wünschen kann, der sich weiterentwickeln möchte, der den Austausch unter Gleichgesinnten und Unternehmern sucht und etwas bewegen will! Für mich ist dieses Miteinander die schönste Art, die unterschiedlichen Themen, die mir als Unternehmer und Mensch wichtig sind, miteinander zu verbinden und spannende Menschen kennenzulernen, mit denen immer wieder ein fruchtbarer und inspirierender Austausch auf Augenhöhe stattfindet.

ARBEITSHILFE ONLINE	**Übung**
	Hat Sie diese Beschreibung angesprochen? Dann informieren Sie sich bei den in Ihrer Region ansässigen Wirtschaftsjunioren. Sie finden diese über Ihre IHK (www.ihk.de) oder auf der Seite der Wirtschaftsjunioren Deutschland (www.wjd.de). Reinschnuppern kostet nichts, Interessenten sind jederzeit willkommen.

2.1.10 Messen und Events

Messen und Events sind Marktplätze. Hier treffen sich Menschen, die ein gemeinsames Thema zusammenführt. Die Palette reicht von Produktmessen, bei denen Hersteller und Kunden zueinander finden, über Rekrutierungsmessen, bei denen Unternehmen und Bewerber persönlich zusammentreffen, bis hin zu Events wie die Videodays, Europas größtes YouTuber-Treffen, bei dem Fans ihre Stars der Szene live erleben können. Gerade das letztgenannte Beispiel zeigt sehr schön, dass die Intensität einer Beziehung aus virtuellen Welten durch die hautnahe Begegnung noch gesteigert werden kann.

Bei solchen Anlässen geht es immer um die Möglichkeit, zielgerichtet Kontakte zu knüpfen, und zwar mit den Menschen, die ganz bewusst die jeweilige Messe oder einen bestimmten Event besuchen. Je spezifischer die Veranstaltung ist, desto wahrscheinlicher kommen die gewünschten Kontakte zustande. Bei großen Publikumsmessen wie der Internationalen Automobilausstellung (IAA) oder der Buchmesse in Frankfurt werden sogar Fachbesuchertage eingerichtet, an denen nur ein ausgewählter Kreis von Personen zugelassen ist. Man will unter sich bleiben und wirklich Geschäfte machen.

Und warum zieht es Endverbraucher auf Messen und Events? Ein neues Produkt im Internetshop anzusehen ist eben doch nicht so intensiv, wie es live testen und mit allen fünf Sinnen erleben zu können. Ferner schafft der persönliche Kontakt zwischen Anbietern und Kunden eine weit emotionalere Beziehung als in den virtuellen Welten möglich. Vor allem bei Rekrutierungsmessen, wo der erste Kontakt mit einem Kandidaten nicht allein über eine digitale Bewerbung erfolgt, sondern ein Mensch unmittelbar wahrnehmbar wird, zeigt sich der Nutzen von Live-Events.

Für viele Anbieter ist der direkte Kontakt zum Kunden auch wichtig, um herauszufinden, welche Erwartungen und Wünsche an die Produkte oder Dienstleistungen bestehen. Außerdem bieten Messen und Events die Gelegenheit zum Sehen und Gesehenwerden. Hier werden der direkte Vergleich mit dem Mitbewerber und der fachliche Austausch möglich. Solche Veranstaltungen sind also ideale Orte, um zu netzwerken und sich in einer Szene zu positionieren.

Oft ist es für einzelne Unternehmer zu teuer oder zu aufwendig, sich und das eigene Produkt auf einer Messe oder exklusiv auf einem Event zu präsentieren. Der folgende Bericht aus der Praxis zeigt, wie es gelingen kann, durch den Zusammenschluss mehrerer Anbieter nach außen sichtbar zu werden.

Wie Netzwerke schmecken: eine Erfahrung aus Piemont

Sandro Minella ist Weinexperte sowie PR- und Eventberater des »Consorzio i vini del Piemonte« (www.ivinidelpiemonte.it).

Piemont hat eine ausgezeichnete Tradition im Weinanbau. Von Monferrato bis in die Langhe, von Asti bis zu den Hügeln von Tortona führen Weinstraßen durch eine zauberhafte Landschaft, die die Bewohner der Region über Jahrhunderte mitgestaltet haben. Zahlreiche Winzereien und Weinkeller laden heute wie damals zur Verkostung von Wein und anderen Spezialitäten ein, zum Beispiel der bekannten weißen Trüffeln aus Alba. Die Weinproduktion hat in dieser nordwestlichen Region Italiens Geschichte und diese wiederum hat die Region und ihre Wirtschaft geprägt. Die Akteure sind die Weinhersteller, die durch eine echte Kunst alte Rebsorten schützen und deren Weine im globalen Vergleich marktführend und konkurrenzfähig sind.

In Piemont wird der Wein traditionell hergestellt, vor allem von kleinen bis sehr kleinen Familienunternehmern, die normalerweise weder über das Know-how noch über ein Netzwerke verfügen, um ihre Produkte auf den verschiedenen internationalen Märkten zu präsentieren. Daher kamen einige Produzenten auf die Idee, das Konsortium Vini del Piemonte zu gründen. Dessen Arbeit basiert auf der Logik von Teams, »fare squadra« heißt auf Italienisch »zusammen als Mannschaft spielen«. Unter diesem Motto will das Konsortium die Leistungen der regionalen Weinhersteller bestmöglich auf den Märkten präsentieren und dabei den Unternehmen helfen, sich wirtschaftlich gut zu entwickeln.

Das Konsortium ist zur Referenz für die Winzer geworden, insbesondere für die mittelständischen und kleinen, die damit die Möglichkeit bekommen, regelmäßig an unterschiedlichen Initiativen teilzunehmen, bei denen Verträge mit verschiedenen Ländern, Betreibern und Importeuren abgeschlossen werden. So werden Veranstaltungen mit dem Ziel organisiert, einerseits den Groß- und Einzelhandel und andererseits die Endverbraucher zu erreichen. »Barolo & Friends Events« zum Beispiel finden in einigen europäischen Städten statt und haben strategische Bedeutung bezüglich der Werbung in den Zielmärkten. Das Konsortium ermöglicht auch die gemeinsame Teilnahme von Unternehmen auf den wichtigsten internationalen Messen, denn das wäre ansonsten selbst für die größeren Hersteller zu teuer.

Die richtigen Importeure für ihre Produkte zu finden ist für diese Unternehmer von enormer Bedeutung. Hier bietet das Konsortium Unterstützung, indem es Events wie Abendessen mit Weinangebot in exklusiven Restaurants oder Weinproben in innovativen Formaten organisiert. Dazu werden ausgewählte Journalisten eingeladen, die bei dieser Gelegenheit die Produkte und die Arbeitsweise kennenlernen und später darüber berichten können.

(Übersetzt aus dem Italienischen von Francesca Palma.)

ARBEITSHILFE ONLINE

Übung

Überlegen Sie sich, welche Fachmessen und Events für Sie von Interesse sind. Dabei helfen die beiden folgenden Fragen: Welche Informationen möchten Sie gewinnen? Zu welchen Organisationen möchten Sie Kontakte aufnehmen? Eine gute Übersicht mit umfangreichen Suchmöglichkeiten finden Sie unter www.expodatabase.de. Eine Checkliste speziell zum Thema Kontakte auf Messen findet sich in Kapitel 3.3.5.

2.1.11 Rotary und Co.

Auch wenn der Oberbegriff »Wohltätigkeitsclubs« (im Englischen »service clubs«) den einen oder anderen etwas irritieren mag, diese Vereinigungen sind seit jeher exzellente Networking-Plattformen. Dazu zählen unter anderem die Rotarier, Lions oder Round Table. Sie betrachten das gesellschaftliche soziale Engagement als ihren Auftrag und betätigen sich auf vielfältigen Gebieten wie der Kommunalentwicklung oder der Förderung benachteiligter Jugendlicher. In diesen traditionsreichen Gruppen geht es oftmals ein wenig formell zu und Mitglied kann man in der Regel nur über Empfehlung und ein Aufnahmeverfahren werden. In der Vergangenheit waren in diesen klassischen »Old Boys Networks« nur Männer zugelassen, seit 1987 können auch Frauen eintreten.

Bei den meisten lokalen Clubs handelt es sich um langjährige Gemeinschaften, die ein intensives und vertrauensvolles Networking pflegen. Ein großer Vorteil ist die Internationalität dieser Institutionen, sodass die Mitglieder nach einem Ortswechsel schnell neue Kontakte schließen können.

Mitgliedschaft bei Rotary

Sabine Riedel, Vorstand Marketing & Human Resources der OTRS AG (www.otrs.com) in Oberursel, berichtet über ihre Erfahrungen als neues Mitglied bei den Rotariern.

Rotary International als weltumspannender Club, dessen Dimensionen wahrscheinlich nicht sehr vielen geläufig sind, hat seit der Gründung 1905 in Chicago allein in Deutschland 53.000 Mitglieder gewinnen können. Sie verteilen sich auf mehr als 1.000 Clubs. Weltweit sind mehr als 1,2 Millionen Menschen aktiv, die sich nach dem Wahlspruch »service above self« (selbstloses Dienen) in dieser »Weltgemeinschaft von Berufsleuten« organisieren.

Das Recruiting neuer Mitglieder erfolgt durch Empfehlung und wurde in meinem Fall dadurch angeregt, dass ich im vorangegangenen Jahr einen Referenten (André Mindermann, der über das Business Model von OTRS sprach) zu seinem Vortrag begleitete. Nach einem ausführlichen Gespräch mit den für die Mitgliedergewinnung zuständigen Freunden (so die Rotary-Bezeichnung für Mitglieder), einem Vortrag, den ich an einem Clubabend hielt, und mehreren Gastbesuchen wurden nach Rücksprache mit mir alle Mitglieder befragt, ob sie meiner Aufnahme zustimmen.

Ich selbst hatte ausführlich Gelegenheit, mich über die Gepflogenheiten des Clublebens zu informieren und einen ersten Eindruck davon zu gewinnen, was mich erwartet – ebenso davon, was von mir erwartet wird. Das ist in erster Linie ein klares Bekenntnis zu Engagement und Mitwirkung am allgemeinen Clubleben sowie den sozialen Projekten, die das gesamte Rotary-Leben bestimmen. Hier geht es nicht nur um Club-übergreifende, weltweite humanitäre Projekte wie etwa PolioPlus, sondern auch um die Planung, Organisation und Durchführung regionaler Aktionen. Dabei liegt der Fokus darauf, einen Beitrag zu leisten für
- *Frieden und Konfliktprävention/-lösung,*
- *Krankheitsprävention und -behandlung,*
- *Wasser und Hygiene,*
- *Gesundheitsfürsorge für Mütter und Kinder,*
- *Elementarbildung und/oder*
- *Wirtschafts- und Kommunalentwicklung.*

Der Zusammenhalt der Mitglieder und ihr ehrenamtliches Wirken haben mich in besonderer Weise angesprochen. Dass hier auf hohem Niveau Dienst an der Gemeinschaft geleistet wird und ich mich mit meinen Ideen in eine etablierte Struktur von Gleichgesinnten einbringen kann, stellt für mich eine große Bereicherung dar. Damit habe ich eine Umgebung gefunden, die meinem Wunsch nach Mitwirkung bei anspruchsvoller, gut organisierter, sozialer Arbeit das passende Fundament und einen wertvollen, gemeinschaftlichen Rahmen bietet.

2.1.12 Frauennetzwerke

Oft ist von den »Old Boys Networks« die Rede, den alteingesessenen Herrenclubs in den Hansestädten, oder den Zigarrenclubs. Männer haben sich seit jeher Netzwerke zunutze gemacht und sie intensiv gepflegt. Dass Frauen hier Nachholbedarf haben, lässt sich nicht bestreiten. Inzwischen gibt es eine Vielzahl von professionellen Frauennetzwerken, die aktives Networking betreiben und in denen der Austausch über Berufliches an erster Stelle steht. Wie in Kapitel 3.1.5 näher dargestellt, gibt es einige grundlegende Unterschiede in der Art, wie Männer und Frauen kommunizieren und sich präsentieren. Frauennetzwerke ermöglichen es, relevante Themen und Interessen unter sich zu behandeln und vertrauensvoll aufeinander zuzugehen. Darüber hinaus bieten sie eine hervorragende Plattform, um sich für mehr Beteiligung und Sichtbarkeit von Frauen zu engagieren.

Als Beispiele sind das European Women's Management and Development International Network (EWMD, www.ewmd.org) oder der Bundesverband der Frau in Business und Management e.V. (B.F.B.M., www.bfbm.de) mit ihren jeweiligen Regionalgruppen zu nennen.

Netzwerken ist eine Grundhaltung, kein Unterhaltungsprogramm
Siglinde Schneider ist Geschäftsführende Gesellschafterin der Beratungsagentur für Unternehmenskommunikation, Accente Communication GmbH (www.accente.de) in Wiesbaden und Präsidentin des Business-Netzwerks EWMD. Sie berichtet aus der Praxis, was netzwerken für sie bedeutet.

Ein Satz, der sich mir bei einem der ersten Vorträge in einem Business-Netzwerk eingeprägt hat, war der: »Es kann zehn Jahre dauern, bis sich ein Netzwerk für Sie auszahlt.« Das schien mir damals ziemlich lang und in der Summe eher ein schlechtes Geschäft zu sein. Heute bin auch ich davon überzeugt, dass Netzwerken richtige Arbeit ist, die Zeit und einen Plan erfordert. Es geht um Sensibilität für die Erwartungen anderer, den Mut, eigene Bedürfnisse und Erwartungen anzumelden, auf andere zuzugehen und Angebote abzuholen. Dabei sind eine gute Balance von Holen und Bringen sowie das rechte Maß entscheidend. Netzwerken ist mehr, als nett miteinander zu reden und sich gegenseitig zuzurufen, was für ein toller Hecht man ist. In einem funktionierenden Netzwerk muss auch geliefert werden. Hier wie im Business muss Leistung gebracht und sichtbar werden. Daher rate ich gerade jüngeren Menschen, Männern wie Frauen, sich zu engagieren, wenn sie im Job weiterkommen wollen.

Institutionelle Netzwerke sind geprägt und getragen vom Ehrenamt. Hier kann man sich schnell für Höheres empfehlen und sich all den Herausforderungen stellen, die jedes andere Business auch erfordert. Im Netzwerk muss überzeugt und für Ideen geworben werden. Man muss die Menschen mitnehmen, ganz so wie wir das heute in agilen Organisationen und im Mix der Generationen brauchen. Wer im Netzwerk belastbare Beziehungen aufbaut und kontinuierlich pflegt, der schafft es auch in den informellen, gewichtigen Netzwerken, die jedes Unternehmen prägen. Denn auch diese haben nicht nur mit Old Boys, Bundesliga oder Clubabenden zu tun. Auch hier geht es darum, sich mit Ideen, Vorleistungen und Kontakten einzubringen. Man lernt zu empfehlen und sich empfehlen zu lassen.

Meiner Meinung nach ist es sinnvoll, unterschiedlichen Netzwerken anzugehören. Für mich ist vor allem das Frauennetzwerk EWMD seit vielen Jahren eine Heimat. Es ist nicht nur Business-Netzwerk, sondern verfolgt auch das Ziel, sich für mehr Beteiligung und Sichtbarkeit von Frauen in Führungspositionen einzusetzen und exzellenten Frauen eine Plattform zu geben. Hier tauscht man sich über die kulturellen und insbesondere mentalen Hürden aus, die dem noch immer im Weg stehen. Immer wieder zeigt sich, dass es gar nicht so schwierig ist, diese zu überspringen, wenn man einen starken Willen und Durchsetzungskraft hat und an sich selbst glaubt. Genau dafür kann ein Netzwerk erhebliche Schubkraft geben.

Nach über 20 Jahren Networking weiß ich, dass ich aus meinen Netzwerken unterschiedliche Impulse für meine eigene Karriere und mein Business, aber auch für meine Werte und meine Lebensweise bekommen habe. Netzwerke können Spiegel für das eigene Verhalten, die eigenen Stärken und Schwächen sein. Wer aktiv netzwerkt, positioniert sich, zeigt sich, bekommt Resonanz und ist selbst aufmerksamer für Neues und für Veränderungen. So gewinnt man Anregungen, die einen weiterbringen – sei es durch Wissen, Kontakte oder eben auch die entscheidende Empfehlung.

Working Mums

Berufstätigkeit und Familie zu vereinbaren stellt nach wie vor insbesondere für Frauen eine große Herausforderung dar. Oft fühlen sich Frauen in Führungspositionen mit Kindern gesellschaftlich wenig unterstützt und befinden sich in schwierigen Zerreiß-Situationen. Die Working Mums bieten speziell dieser Zielgruppe eine professionelle Plattform.

Karriere und Familie – Wir wollen beides

Lucia Mathée ist Geschäftsführerin der MATHEE GmbH (www.mathee.com), deren Dienstleistungen sich über das gesamte Spektrum der Investor-Relations und der Finanzkommunikation erstreckt. Sie war von November 2014 bis November 2016 Präsidentin der Working Moms Frankfurt und stellt im Folgenden die Organisation (www.workingmoms.de) und die Idee, die dahintersteht, vor.

Die Working Moms sind ein Verband gemeinnütziger Vereine, der für Frauen steht, die beides verbinden und erfolgreich kombinieren wollen: Kinder und Karriere. 2007 gegründet, zählen wir heute in Frankfurt rund 130 Mitglieder und haben Schwestervereine in München, Stuttgart, Düsseldorf, Berlin und Hamburg. Bei uns finden sich Anwältinnen und Notarinnen, Bankerinnen, Ärztinnen und Selbstständige, zudem in der Wissenschaft Tätige sowie Frauen in Führungspositionen bei großen Unternehmen und Dienstleistungserbringern. Deutschlandweit zählen wir derzeit rund 400 Working Moms und es gibt viele Interessentinnen.

Den Working Moms können berufstätige Mütter auf persönliche Empfehlung eines Mitglieds oder auf eigene Initiative beitreten. Voraussetzung für eine Mitgliedschaft ist unter anderem, bereits Mutter zu sein, unsere Devise »Pro Kinder. Pro Karriere« zu teilen und mindestens 30 Stunden pro Woche ambitioniert berufstätig zu sein. Nachdem eine Interessentin zweimal als Gast an den monatlichen Treffen der Working Moms teilgenommen hat, entscheidet ein Aufnahmeausschuss über ihren Beitritt. Dabei gilt das Prinzip der Einstimmigkeit. Auch werdende Mütter und Mütter in Elternzeit sind herzlich willkommen und können einen verlängerten Gästestatus erhalten.

Zu unseren Clubabenden laden wir regelmäßig Referenten und Referentinnen ein, die uns den Blick erweitern, unsere Motivation unterstützen und wesentliche Aspekte unseres herausfordernden Alltags – zum Teil auch neu – beleuchten. Ziel und Zweck der Working Moms ist es, die Vereinbarkeit von Beruf und Familie zu fördern, und zwar innerhalb des Netzwerks wie nach außen. So haben wir verschiedene Mentoring-Module, die jungen Frauen und Mädchen bei den Entscheidungen zur persönlichen und beruflichen Weiterentwicklung helfen sollen. Das Leitbild und Selbstverständnis der Working Moms ist also davon geprägt, dass sich die Frauen im Netzwerk gegenseitig unterstützen, beruflich wie privat. Die Kombination von Karriere und Familie wird von den Working Moms als eine der vielen Facetten des Anspruchs auf die Umsetzung individueller Lebensentwürfe betrachtet. Wir wollen dazu beitragen, dass ein solches Modell als selbstverständlich gilt und sich im Alltag leichter leben lässt.

Als Vorbilder und Mentorinnen ermutigen wir Mütter zur beruflichen Weiterentwicklung und ambitionierte berufstätige Frauen zur Familiengründung. In unserem engen und weiteren Umfeld geben wir unsere Erfahrungen weiter, um zu einem Umdenken bei den Frauen selbst, der familiären Umgebung, bei den Arbeitgebern und in der Gesellschaft beizutragen.

Viele der Working Moms können gute Beispiele dafür geben, wie sehr ihnen das Netzwerk geholfen hat, nicht nur emotional und mental, sondern vor allem praktisch. Nicht wenige konnten sich auch deshalb beruflich neu orientieren, weil andere Working Moms mit Rat und Tat zur Seite standen; so ging es auch Yvonne Bounin, Angestellte im Bereich Kundenerlebnis bei der Deutschen Bahn: »Bevor ich 2013 Mutter wurde, hatte ich fünf Jahre lang als Leiterin Produktmanagement Bordservice bei der Deutschen Bahn gearbeitet. Nach der Elternzeit wollte ich in einem anderen Bereich wieder einsteigen, aber keine Stelle passte auf mein Profil. Da habe ich auf einer Veranstaltung meines Netzwerks Working Moms in Frankfurt von meiner Suche erzählt. Die anderen Frauen brachten mich darauf, dass wir in unserem Kreis noch eine weitere Bahnerin haben: Birgit Bohle, die damalige Vertriebschefin und heutige Vorstandsvorsitzende DB Fernverkehr. Ohne die Ermutigung der anderen hätte ich mich nie getraut, ihr eine Initiativbewerbung zu schreiben. So aber mailte ich ihr – von Working Mom zu Working Mom. Ich wurde zum Gespräch eingeladen und konnte als Projektleiterin im Onlinevertrieb beruflich wieder durchstarten.«

Bei den Working Moms ist als klare Regel gesetzt, dass jeder Vorteil, der aus dem Netzwerk erwächst, nur das eine Ende eines auf Gegenseitigkeit beruhenden Bandes ist, das alle zusammenhält. Zwar mag der Nutzen, der sich im Gegenzug ergibt, nicht immer unmittelbar und für die gleiche Person entstehen, im Grundsatz aber streben alle Mitglieder der Lokalvereine und des Verbandes danach, einander zu helfen und in enger Verbundenheit zu handeln.

Die Working Moms sind in den zehn Jahren ihres Bestehens nicht nur in ihrer Zahl enorm gewachsen, sondern sie haben eine beispielhafte Kultur entwickelt, wie Frauen netzwerken: auch mit sehr viel Spaß und richtig entspannt.

2.1.13 Netzwerke im Top-Management

Je weiter Sie sich beruflich entwickeln, umso wichtiger wird das passende berufliche Netzwerk, um nicht isoliert dazustehen. Wenn die Luft dünner wird, fehlt es häufig im direkten Umfeld an Gesprächspartnern, mit denen man sich offen austauschen kann.

Die Baden-Badener Unternehmergespräche (BBUG, www.bbug.de) sind in Deutschland die Topadresse für Spitzenmanager. Von seinem Unternehmen hierfür berufen zu werden ist Auszeichnung und Ansporn zugleich. Auch wenn dieser Kreis für die meisten Leser wohl im Moment (noch) nicht erreichbar ist, lohnt sich dennoch ein Blick darauf. Es ist auf jeden Fall gut, davon gehört zu haben, denn schließlich werden Sie sich ja Ziele setzen.

Frank Trümper, Geschäftsführer der Baden-Badener Unternehmergespräche, stellt die Institution vor.

Seit 1955 haben sich die Baden-Badener Unternehmergespräche zu der wohl profiliertesten Plattform des Lernens, des Dialogs und der Vernetzung oberster Führungskräfte der deutschen Wirtschaft etabliert. Zweimal im Jahr bringen sie rund 30 frisch berufene und angehende Vorstände und Geschäftsführer der bedeutendsten Unternehmen (DAX 30 und global aktiver Mittelstand) in einem dreiwöchigen Programm zusammen, in dem sie sich intensiv mit übergreifenden unternehmerischen sowie wirtschafts- und gesellschaftspolitischen Fragen auseinandersetzen. Diesem sogenannten Hauptgespräch folgen vier kürzere

Fortsetzungsgespräche in europäischen Hauptstädten. Ziel des dadurch entstehenden, oft lebenslang bestehenden Netzwerks ist nicht die Karriereförderung, sondern der kontinuierliche Austausch über die großen Querschnittsthemen, die die jeweilige Generation von Verantwortungsträgern der Wirtschaft über alle Branchen und Funktionen hinweg betreffen – von der Digitalisierung über den demografischen Wandel bis zur Zukunft Europas und aktuell etwa der Integration von Flüchtlingen in Wirtschaft und Gesellschaft.

Bei den BBUG ist der Name Programm: Im Zentrum steht das intensive, persönliche und stets vertrauliche Gespräch der Teilnehmenden mit den Gästen, darunter erfahrene CEOs und Unternehmensleiter genauso wie hochrangige Vertreter der Politik, Leiter bedeutender öffentlicher Institutionen und bedeutender NGOs, namhafte Wissenschaftler der unterschiedlichsten Disziplinen sowie unkonventionelle Persönlichkeiten aus Kultur und Gesellschaft. Viele suchen und nutzen die BBUG deshalb auch ganz bewusst dafür, grundlegende Fragestellungen, mit denen sie sich selbst gerade intensiv befassen, in diesem in seiner Zusammensetzung einmaligen Kreis junger oberster Entscheider zu erörtern. Denn genau dieser Charakter eines gemeinsamen lauten Nachdenkens ist es, der die BBUG für alle Beteiligten so besonders macht.

Die Baden-Badener Unternehmergespräche werden getragen von einem gemeinnützigen Verein, dem zurzeit rund 130 Mitgliedsunternehmen angehören. Zur Teilnahme kann man sich nicht anmelden oder bewerben, sondern wird vom Vorstand oder Aufsichtsrat des eigenen Unternehmens nominiert. Ein Zulassungsausschuss der BBUG stellt dann aus den Nominierungen, deren Zahl die der Plätze regelmäßig um mehr als das Doppelte übersteigt, eine im Hinblick auf Branche, Unternehmenstyp, Funktion, fachlichen Hintergrund und Ähnliches möglichst vielfältige Teilnehmergruppe zusammen.

Nach dieser allgemeinen Beschreibung kommt noch ein Mitglied dieses ausgewählten Kreises zu Wort. **Dr. Wolfgang Kuhn** ist Sprecher des Vorstands der Südwestbank (www.suedwestbank.de) und seit 2001 Mitglied bei den Baden-Badener Unternehmergesprächen. Auf die Frage, wie er zu diesem Kreis gestoßen ist und was für ihn den besonderen Reiz ausmacht, antwortet er, indem er vier Kernpunkte anführt.

- *Zu den Baden-Badenern bin ich über den Arbeitgeber ohne große Erfahrungen, aber sehr neugierig gestoßen.*

- *Die Erfahrung eines mir bis dato unbekannten, extrem schnellen Zusammen-wachsens meines BBUG-Jahrgangs 109 von Persönlichkeiten unterschied-lichster Prägung hat mich nachhaltig beeindruckt. Dies gilt auch für das assoziierte Gespräch 110.*
- *Die entstandenen Freundschaften und der konstruktive Meinungsaustausch sind immer wieder belebend und aus meinem Leben nicht wegzudenken.*
- *Nach jedem Treffen, aber auch in Gesprächen zwischen den Treffen stellt sich ein Wohlgefühl ein und meist hat man auch neue Anregungen – geschäftlich wie privat.*

2.1.14 Special: Netzwerken im Ehrenamt

Ehrenamtliches Engagement ist gesellschaftlich von Nutzen, das wird wohl niemand bestreiten. Wie wertvoll es auch für den Einzelnen im Hinblick auf Networking sein kann, wird oft nicht erkannt.

Das Ehrenamt ist mit Abstand die größte Spielwiese, auf der sich Kontakte knüpfen und eigene Fähigkeiten zwanglos austesten und professionalisieren lassen. Da Sie sich die Themen und Arbeitsfelder frei nach Ihren Interessen aussu-chen können, sind die Identifika-tion und die Freude, die mit der übernommenen Aufgabe einher-gehen, in der Regel groß. Mit der Übernahme von Vorstandsaufga-ben in einem Verein können zum Beispiel kommunikative Fähigkei-ten geübt und weiter professionalisiert werden. In der Gremienarbeit bei-spielsweise lernen Sie, eigene Interessen auch gegen Widerstände zu vertre-ten und sich in adäquater Weise zu behaupten. Als Übungsleiter im Sport oder in der kirchlichen Jugendarbeit können Sie ebenfalls erste Führungserfahrung sammeln.

Es gibt einen hohen Bedarf an ehrenamtlicher Arbeit und gleichzeitig auch viele Menschen, die sich gerne ehrenamtlich engagieren möchten. Wie so oft besteht auch hier das logistische Problem, wie die jeweils passenden Partner zusammenfinden.

Netzwerken im Ehrenamtsbüro

Elke Heidelbach, Ehrenamtsbeauftragte der Stadt Rödermark bei Frankfurt, (www.rödermark.de) erzählt von ihren Erfahrungen in diesem Arbeitsbereich.

Anfang 2007 wurde in Rödermark das Ehrenamtsbüro eingerichtet, das ich aufgebaut habe und seither leite. Bei dieser Arbeit habe ich festgestellt, dass Menschen immer weniger aus Altruismus und Pflichtbewusstsein ehrenamtlich aktiv sind. Vielmehr ist es den Freiwilligen wichtig, sich zum Beispiel durch eine anspruchsvolle Tätigkeit, Weiterentwicklung, Verantwortlichkeit oder das Gewinnen neuer Kontakte selbst zu verwirklichen oder die Gesellschaft bewusst mitzugestalten. Dabei wird verstärkt ein zeitlich begrenztes Engagement in temporären Projekten nachgefragt. So versuchen beispielsweise Schulabsolventen, die auf einen Studienplatz warten, oder Menschen, die einen Berufswechsel vollziehen, Zwischenzeiten sinnvoll zu überbrücken.

Für ein passendes Matching ist es wichtig, die Kompetenzen der Freiwilligen zu erfassen, auf deren Bedürfnisse einzugehen, die Motivation zu erkennen und ernst zu nehmen. So konnte ich eine Frau, die gerade in Ruhestand gegangen war und sich analog zu ihrem ehemaligen Beruf eine verantwortungsvolle Tätigkeit wünschte, als Projektkoordinatorin einsetzen. Eine andere, sehr umgängliche Ehrenamtliche, die soziale Kontakte suchte, wurde im Besuchsdienst tätig. Ein handwerklich versierter Mann, der lediglich sporadische Einsätze suchte, konnte in Zusammenarbeit mit dem Kinderschutzbund Menschen beim Umzug helfen und beim Möbelaufbau behilflich sein.

Es geht also auch darum, ein Portfolio an Tätigkeitsangeboten zur Verfügung zu haben, das dem neuen Anspruchsverhalten entspricht. Diesbezüglich ist auch die Entwicklung bedarfsgerechter Projekte möglich, um solche Tätigkeiten zu begründen. Als alleinige Hauptamtliche im Ehrenamtsbüro bin ich dabei auf unterstützende Strukturen und Kooperationspartner angewiesen. Auch hierfür sind der Aufbau von Kontakten und gute Beziehungen zu Organisationen wichtig. Ich besuchte ganz am Anfang alle gemeinnützigen Einrichtungen und Initiativen persönlich, bei denen ehrenamtliches Engagement möglich oder gegeben war. Dort bot ich meine Unterstützung als Vermittlerin und Beraterin beim Umgang mit Ehrenamtlichen, aber auch das gemeinsame Entwickeln von Schulungsangeboten für freiwillige Helfer an. Gleichzeitig befasste ich mich mit den Fragen und Probleme vor Ort und war offen für neue Informationen. Wurden bei dieser intensiven Kontaktarbeit ähnliche Ziele erkennbar und ergab sich ein vertrauensvoller Umgang, entwickelten sich Kooperationen fast von allein.

ARBEITSHILFE
ONLINE

Übung

Gibt es in Ihrer Region ein Ehrenamtsbüro oder Koordinierungsstellen, die bei der Vermittlung ehrenamtlicher Tätigkeiten unterstützend tätig sind? Haben Sie selbst Lust, so etwas zu initiieren? Sprechen Sie mit den Vertretern Ihrer Gemeinde oder Stadt und informieren Sie sich über die Möglichkeiten.

Ehrenamtliches Engagement in der Flüchtlingshilfe

Die Integration von Flüchtlingen in Deutschland stellt aktuell eine enorme Herausforderung dar. Letztendlich kann sie nur gelingen, wenn vor Ort individuelle Unterstützung geboten wird. Gerade in diesem Zusammenhang können sich durch ehrenamtliche Tätigkeiten enorme Chancen für wertvolles Networking bieten. Dies erlebte auch eine Personalleiterin, die vorübergehend arbeitslos war und sich währenddessen ehrenamtlich als Leiterin der Arbeitsgruppe »Flüchtlinge in Arbeit« engagierte. Indem sie ihre berufliche Erfahrung einbrachte, konnte sie positive Impulse setzen, gleichzeitig exzellente Kontakte zu verschiedenen Arbeitgebern und öffentlichen Institutionen knüpfen und die Phase der Arbeitslosigkeit im Lebenslauf mit einer sinnvollen Aufgabe hinterlegen.

Wie aus einer gefühlten gesellschaftlichen Verantwortung eine Herzensaufgabe werden kann, beschreibt **Brigitte Speidel-Frey**. Sie war als Führungskraft in der Wirtschaft tätig und engagiert sich nun leidenschaftlich im Bereich Flüchtlingshilfe als Vorsitzende des Netzwerks für Flüchtlinge Rödermark e.V. (www.netzwerk-fluechtlinge-roedermark.de).

Bei der Flüchtlingshilfe sind wir gefordert, Menschen aus völlig anderen Kulturkreisen zu begleiten und zu unterstützen, damit es uns gelingt, die Flüchtlinge mit unserem Leben sowie unseren Sitten und Gebräuchen vertraut zu machen. Es geht darum, ihnen unsere Werte zu vermitteln und auch die mitgebrachten Sitten und Traditionen in einen Diskurs einzubringen, um ein gemeinsames Leben in Frieden zu gestalten.

Wie in vielen Ehrenämtern besteht die erste Intention darin, Hilfe zu geben, was sehr unterschiedlich, kleinteilig wie auch übergreifend, geschehen kann. Eine pensionierte Lehrerin beispielsweise kann wunderbar Hausaufgabenhilfe leisten, ohne mit anderen Ehrenamtlichen in Kontakt zu kommen. Jemand, der sich hingegen bereiterklärt, Veranstaltungen und Ausflüge zu organisieren, kommt zwangsläufig in regen Austausch mit anderen Helfern und Flüchtlingen und wird auch ganz anders wahrgenommen. Und wer an den regelmäßigen Treffen der Ehrenamtlichen teilnimmt und erfährt, was im Netzwerk und in den anderen Arbeitsgruppen passiert, der lernt zwangsläufig weitere Ehrenamtliche kennen und weiß, wer bei der einen oder anderen Frage der richtige Ansprechpartner ist. Maßnahmen wie Weiterbildungsangebote, schriftliche Informationen oder ein jährliches großes Fest mit den Flüchtlingen lassen ein Gemeinschaftsgefühl entstehen, das zu Beginn möglicherweise so gar nicht vorstellbar war. Das unterstützt und stärkt den Einzelnen.

Ehrenamt wird in den Unternehmen heute mit anderen Augen gesehen als früher. Ein Mitarbeiter, der sich ehrenamtlich betätigt, hat Fähigkeiten, die, wenn sie erkannt werden, auch der Firma nutzen können. Ein bisher unbeachteter Kollege erzählte beispielsweise, dass er im Förderverein der Schule seiner Kinder eine Veranstaltung federführend organisiert und durchgezogen hatte. Dabei stellte er fest, dass er mehr kann als das, was bis dahin beruflich von ihm verlangt worden war.

Auf diese Weise können auch junge Menschen, die sich ehrenamtlich in einem Netzwerk engagieren, frühzeitig lernen, mit Menschen jeden Alters umzugehen, sich für gesellschaftliche Anliegen einzubringen und sich – wie im Bereich Flüchtlingshilfe – mit anderen Kulturen zu befassen und Verantwortung zu übernehmen. Die persönliche Entwicklung eines Menschen – übrigens auch ohne berufliche Verwertung – ist einer der vielen wunderbaren Effekte des Ehrenamts. Zudem werden ständig Weiterbildungen zu unterschiedlichen Themen der Flüchtlingsarbeit angeboten, etwa im Bereich interkulturelle Kompetenz, Supervision für schwierige Situationen, Umgang mit traumatisierten Flüchtlingen und vieles andere mehr. Menschen, die sich mit diesen Themen zuvor nicht beschäftigt haben, lernen völlig neue Sichtweisen und Interventionen kennen. »Helfen macht glücklich«, das sagen die Glücksforscher. Somit sollte der Glücksindex in Deutschland erheblich gestiegen sein.

Netzwerken im Ehrenamt ist eine außerordentliche Chance, Menschen aus allen Bereichen des gesellschaftlichen Lebens zu treffen, Kontakte zu knüpfen, das eigene Können einzubringen und sich in einem geschützten Raum auszuprobieren.

ARBEITSHILFE
ONLINE

Übung

Möchten Sie sich auch in diesem Bereich engagieren? Hier besteht ein enormer Bedarf an Helfern, seien es Paten, Sprachförderer oder Begleiter für ganz alltägliche Dinge wie Behördengänge. Informieren Sie sich vor Ort, wie die Flüchtlingshilfe in Ihrer Region organisiert ist. Wie sagt Brigitte Speidel-Frey? »Helfen macht glücklich und vielfältige Kontakte entstehen wie von selbst.« Und: Arbeitgeber wissen das ehrenamtliche Engagement von Bewerbern und Mitarbeitern zu schätzen, denn dabei lassen sich zahlreiche Kompetenzen aufbauen und Engagement belegen.

2.2 Analyse: Welche Netzwerke passen zu mir?

Die kleine Networking-Tour hat Ihnen hoffentlich einige Anregungen gebracht. Die Möglichkeiten sind vielfältig, nun geht es darum, die passenden Anknüpfungspunkte zu finden. Welche Netzwerke für Sie infrage kommen, hängt letztendlich von zwei Faktoren ab: Worauf haben Sie Lust, sprich woran haben Sie Spaß? Und welche Netzwerke sind im Hinblick auf Ihre Ziele sinnvoll und förderlich? Zudem geht es um Ihre Erwartungen und Zielen: Was wollen Sie erreichen? Welche Ziele verfolgen Sie?

Networking ist kein Selbstzweck. Ihre Aktivitäten sollten zielgerichtet sein, damit Sie mit vertretbarem Aufwand ein für Sie attraktives Ziel verfolgen können. Daher ist es wichtig zu überlegen, was Sie mit dem Networking erreichen wollen. Damit die Überlegung ein wenig leichter fällt, finden Sie häufig genannte Ziele als kleinen Ideenspender.

ARBEITSHILFE ONLINE

Übung

Identifizieren Sie die übergeordneten Ziele, die Sie mit dem Networking verbinden:

- Informationen aus meiner Branche/meinem Arbeitsumfeld austauschen,
- mich für potenzielle Arbeitgeber sichtbar machen,
- Kontakte knüpfen, um Neukunden zu gewinnen,
- Zugang zu neuen beruflichen Feldern finden,
- mein eigenes Image aufbauen und mich als Marke bekannt machen,
- Erfahrungsaustausch und gegenseitige Unterstützung bei beruflichen Alltagsfragen,
- Plattform für Präsentationen, um Feedback im vertrauten Kreis zu erhalten,
- mich ausprobieren können in Ämtern und Führungsverantwortung außerhalb des Jobs,
- von den Erfahrungen anderer lernen,
- Spaß haben mit Gleichgesinnten und gemeinsam etwas auf die Beine stellen,
- Themen, die mir wichtig sind, mit anderen gemeinsam voranbringen,
- Einfluss ausüben und politisch aktiv sein,
- neue Ideen bekommen,
- von Best Practices lernen,
- vertrauensvolle Geschäftsbeziehungen aufbauen,
- andere Menschen zusammenbringen,
- Einblick in andere Branchen und Märkte erhalten,

- über den Tellerrand blicken,
- Gemeinschaft spüren,
- strategische Allianzen knüpfen,
- Ressourcen sparen, indem Interessen gebündelt und Aufgaben verteilt werden,
- Anerkennung erhalten,
- ein Gütesiegel für meine Dienstleistung, meine Produkte oder meine Veranstaltungen erhalten,
- Exklusivität zeigen,
- mich gesellschaftlich engagieren.

Konnten Sie Ihre Ziele in dieser Liste wiederfinden? Ergänzen Sie auf jeden Fall alle Punkte, die Ihnen noch in den Sinn gekommen sind, und erstellen Sie Ihre persönliche Zieleliste.

Für mich stehen beim Networking die folgenden Aspekte im Vordergrund:

2.2.1 Für welche Zwecke wie netzwerken?

Im nächsten Schritt geht es darum einzukreisen, welche Netzwerke am besten zu Ihren grundlegenden Zielen passen.

Im Wesentlichen lassen sich folgende Kategorien von Strukturen beim Networking unterscheiden.

Parteien, Verbände, formelle Institutionen

Wenn Sie gesellschaftliche Themen voranbringen, selbst Einfluss ausüben und eher an den großen Rädern drehen wollen, sollten Sie sich in erster Linie bei formellen Institutionen wie Parteien und Verbänden engagieren. Sie verfolgen in der Regel das Ziel, Interessen zu bündeln, die Position einer Interessengruppe zu stärken und ein bestimmtes Thema zu bearbeiten. Je nachdem, wo Ihre spezielle Zielrichtung liegt, überlegen Sie auch, ob Sie sich eher regional oder überregional organisieren und einbringen wollen.

Berufliche Netzwerke und Fachveranstaltungen

Steht bei Ihnen der fachliche Erfahrungsaustausch oder die Weiterbildung im Vordergrund und wollen Sie sich mit Menschen gleicher Wellenlänge zusammentun, bieten sich Berufsverbände, wissenschaftliche Gesellschaften, Arbeitsgruppen oder Fachveranstaltungen wie Tagungen oder Messen besonders an. Auch Fachforen im Internet können hilfreich sein. Je nachdem wie groß und einflussreich ein Verband ist, verfolgt er möglicherweise auch politische Ziele.

Individuelle Kontakte

Einzelkontakte, persönliche Weiterentwicklung und vertrauensvoller Austausch lassen sich über informelle Netzwerke und individuelle Kontakte sehr gut realisieren. Sie basieren häufig auf einer Eins-zu-eins-Beziehung, hier können beispielsweise Mentoring- oder Coachingprogramme hilfreich sein. Oft ergeben sich intensive Beziehungen auch aus formellen Netzwerken. Wenn Sie merken, dass einzelne Personen in den Gemeinschaften wie Sie ticken, Sie einen besonderen Draht zueinander haben oder gemeinsame Interessen und Ziele erkennbar werden, entwickeln sich häufig sehr starke Verbindungen. Diese werden in der Regel informell vertieft, sind also nicht an feste Strukturen gebunden.

2.2.2   Eigene Netzwerke gründen

Wenn Sie sehr spezielle Ziele verfolgen möchten, kann es durchaus sinnvoll sein, selbst ein Netzwerk zu gründen. Das lässt sich mit überschaubarem Aufwand umsetzen, zum Beispiel indem Sie ein Forum im Internet einrichten, bei dem Sie die Moderatorenrolle übernehmen. Oder Sie etablieren einen regelmäßigen Vortrags- und Gesprächskreis zu einem bestimmten Themenbereich. Je mehr Wirkung Sie nach außen erreichen und je mehr Einfluss Sie generell ausüben wollen, desto wichtiger ist es, formale Strukturen, eine Satzung und klare Ziele zu definieren. Wenn Sie darüber nachdenken, ein eigenes Netzwerk zu gründen, ist es auf jeden Fall ratsam, sich im Vorfeld mit Menschen auszutauschen, die bereits über Erfahrung verfügen. Auch hier geht es nicht ohne Netzwerken.

ARBEITSHILFE
ONLINE

> **Übung**
>
> Befassen Sie sich noch einmal mit den in Kapitel 2.1 vorgestellten Beispielen von Netzwerkarbeit. Finden Sie heraus, welche konkreten Ansatzpunkte es auf der Networking-Landkarte in Verbindung mit den Zielen gibt, die Sie in Angriff nehmen möchten.

2.2.3 Der Einstieg ins Networking

Am leichtesten fällt der Einstieg ins Netzwerken über bestehende Kontakte. Es ist also eine gute Übung, sich mit diesen intensiver zu beschäftigen und anschließend erste Networking-Aktivitäten zu starten. Nehmen Sie dazu Ihre Mindmap und Ihre Kontaktliste zur Hand (vgl. Kapitel 1.3.4), die Sie bereits erstellt haben.

ARBEITSHILFE
ONLINE

Übung

Sehen Sie sich Ihre bestehenden Kontakte genauer an. Wo könnten sich im Hinblick auf Ihre Zielsetzungen konkrete Ansatzpunkte ergeben? Und: Was wissen Sie über die Menschen, die Ihnen interessant erscheinen? Gehen Sie auf diese Personen aktiv zu. Versuchen Sie, mehr über sie zu erfahren, um weitere Anknüpfungspunkte zu entdecken. Füllen Sie die leeren Felder in der Tabelle. Sie werden feststellen, dass es unglaublich Spaß macht, wenn zwei Menschen plötzlich entdecken, dass sie noch mehr verbindet als nur der Chor, der Sportverein oder das gleiche Wohngebiet.

Es ist kaum zu glauben, was sich so manches Mal daraus ergeben kann. Hierzu eine kleine wahre Geschichte.

! Beispiel

Andrea wohnt in einem Mehrfamilienhaus und begegnete auf dem Weg zum Müll-eimer zufällig einer Nachbarin, die sie vom Sehen kennt. Bisher haben die beiden, außer dass sie sich freundlich grüßen, nicht miteinander gesprochen. Andrea hat Urlaub und deshalb Zeit für ein paar Worte mehr: »Ach, haben Sie auch Urlaub? Schön, morgens mal nicht so früh raus zu müssen.« Die Nachbarin Sabine entgegnet, dass der freie Tag bei ihr nicht freiwillig sei, sie sei vielmehr gerade auf Jobsuche. Sie kommen ins Gespräch und Andrea fragt nach, was Sabine beruflich macht. Spontan kommt ihr in den Sinn, dass ihr Chef doch gerade eine Stelle in genau diesem Bereich besetzen will. Andrea und ihre Nachbarin reden weiter und stellen dabei fest, dass der Job sehr gut zu Sabines Fähigkeiten und beruflichen Vorstellungen passen könnte. Da Andrea sehr beeindruckt von dem ist, was Sabine beruflich schon gemacht hat, bietet sie ihr an, die Bewerbungsunterlagen bei ihrem Arbeitgeber abzugeben. Lange Rede, kurzer Sinn: Zwischenzeitlich arbeitet Sabine sehr erfolgreich im gleichen Unternehmen wie Andrea und die beiden können sogar eine Fahrgemeinschaft bilden.

Zufall? Ja vielleicht, doch hat das System. Je häufiger Sie mit anderen Menschen sprechen, umso eher ergeben sich solche Chancen. Und bei Menschen, die Sie bereits kennen, fällt es in der Regel sogar noch leichter, ins Gespräch zu kommen. Also nur Mut, intensivieren Sie vorhandene Kontakte. Dies ist auch ein gutes Übungsterrain, wenn es darum geht, ganz neue Kontakte zu knüpfen.

3 Reisebegleiter gewinnen: So funktioniert Networking

Sie haben sich umgesehen, über Ihre Ziele und Wünsche nachgedacht und wollen nun aktiv auf andere zugehen und Netze knüpfen. Machen Sie sich bewusst, dass erfolgreiches Networking viel damit zu tun hat, Menschen für sich gewinnen zu können. Wie Sie das erreichen, dazu bekommen Sie nun Anregungen, die sich leicht umsetzen lassen.

3.1 Wie Menschen ticken

Je besser Sie verstehen, wie Menschen ticken, was sie motiviert und antreibt, umso leichter wird es Ihnen fallen, den richtigen Ton zu treffen. Hier hilft die Psychologie mit ihren Modellen weiter, die entwickelt wurden, um die menschliche Psyche näher zu beschreiben.

3.1.1 Die Maslow'sche Bedürfnispyramide

Einen guten Startpunkt stellt die Bedürfnispyramide des amerikanischen Psychologen Abraham Maslow dar. Er untersuchte die Bedürfnisse und Motivationsfaktoren von Menschen und stellte fest, dass sich diese nach einer bestimmten Rangordnung einteilen lassen. Auf der untersten Stufe finden sich Grundbedürfnisse wie Essen und Schlafen. Ein Mensch, der ums nackte Überleben kämpft, wird seine ganze Energie darauf fokussieren.

Erst wenn die Grundbedürfnisse gestillt sind, kommen die nächsten zum Tragen. Auf der zweiten Stufe steht das Bedürfnis nach Sicherheit, zum Beispiel nach einer Wohnung oder einem geregelten Einkommen. Die dritte Stufe umfasst soziale Bedürfnisse nach Partnerschaft, Liebe, Kommunikation und Gruppenzugehörigkeit. Auf der vierten Stufe findet sich die soziale Anerkennung. Hier stehen »Ich-Bedürfnisse« im Vordergrund, zum Beispiel Wertschätzung und Geltung (Macht und Einfluss). Auf der fünften Stufe ist die Selbstverwirklichung angesiedelt. Menschen streben als oberstes Ziel danach, ihre Individualität ausleben zu können und ihre Werte zu verwirklichen.

Hierzu können Kreativität und Spiritualität, Nächstenliebe oder Gerechtigkeit zählen.

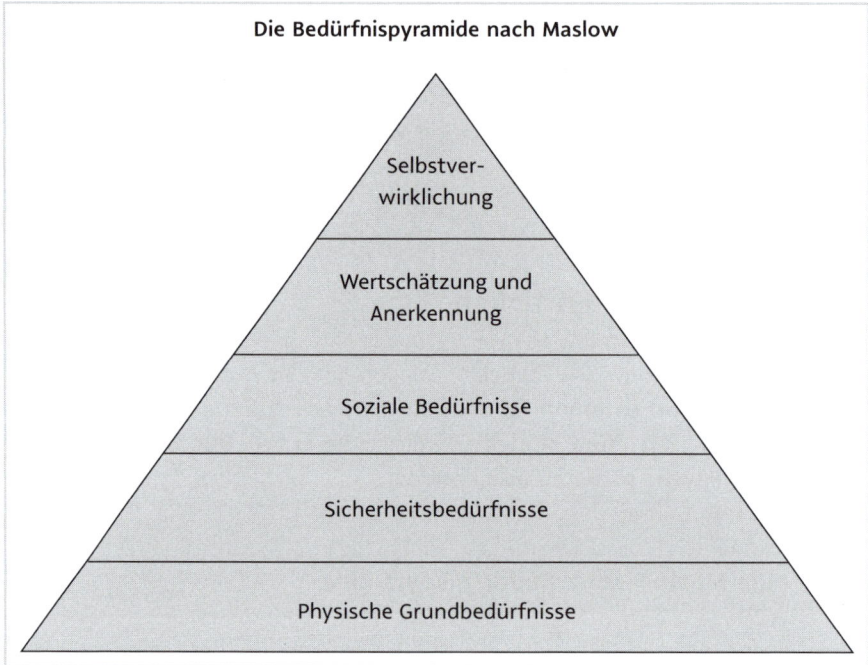

Die Bedürfnispyramide nach Maslow

- Selbstverwirklichung
- Wertschätzung und Anerkennung
- Soziale Bedürfnisse
- Sicherheitsbedürfnisse
- Physische Grundbedürfnisse

Beim Kontakt mit Menschen ist es also wichtig zu erkennen, welche Bedürfnisse sie haben. Sind die Grund- und Sicherheitsbedürfnisse erfüllt, stellt sich bereits das Bedürfnis nach sozialer Einbindung ein. Menschen wollen Gemeinschaft spüren, sich aufgehoben fühlen und sich austauschen. Sie sind gesellige Wesen und nicht zum Einsiedlertum bestimmt. Das Bedürfnis nach Kommunikation spielt dabei eine wichtige Rolle. Daher sind Menschen grundsätzlich aufgeschlossen für Kontakte. Machen Sie sich dies vor allem immer wieder bewusst, wenn Sie eher introvertiert sind und Scheu haben, auf andere zuzugehen. Oft warten Menschen nur darauf, angesprochen zu werden, weil sie sich das selbst nicht trauen.

Dass die Gemeinschaft – auf Neudeutsch: Community – gesucht wird, zeigt sich auch an der riesigen Zahl von Usern, die in sozialen Netzwerken vertreten sind, oder beim Public Viewing bei Großereignissen wie Fußballspielen. Das Match könnte sich jeder auch zuhause ganz in Ruhe und wesentlich bequemer im gemütlichen Sessel mit einem kühlen Bier im Fernseher ansehen. Letztendlich ist es das Gemeinschaftserlebnis, das motiviert, sich auf den Weg zu machen und das Spiel im Gedränge, oft mit eingeschränkter Sicht und stehend, zu verfolgen. Auch der Hype in Bezug auf Oktoberfestveranstaltungen, bei denen Menschen sich eine Einheitsuniform, genannt Tracht, anziehen, lässt sich nur so erklären. Zugehörigkeit, die auch nach außen sichtbar wird, ist also etwas, das für viele Menschen wichtig ist. Dies erklärt auch, warum Gruppen – ob Vereine, Parteien oder Unternehmen – ganz bewusst Symbole wählen, mit denen sich ihre Mitglieder identifizieren und sich als Teil des Ganzen zeigen. Das gilt für die Trikots einer Mannschaft ebenso wie für die »Uniformen« der Pfadfinder, die Westen einer Motorradgruppe oder Ansteckpins eines Unternehmens.

In den USA ist die Identifikation der Studenten mit ihrer Hochschule deutlich ausgeprägter als hier in Deutschland. Riesige Merchandising-Shops vertreiben Sweatshirts, Mützen, Strümpfe, Westen, Krawatten, Maskottchen, Collegemappen, Kugelschreiber und, und, und mit dem Logo der Universität. Die Botschaft der Käufer: Ich gehöre dieser Gemeinschaft an und ich bin stolz darauf.

Übung
Machen Sie sich Gedanken zu den folgenden Fragen: • Welchen Gruppen gehöre ich an? • Möchte ich mich auch nach außen sichtbar zu diesen Gruppen bekennen? • Wenn ja, wie kann ich das tun? • Wie kann ich andere Menschen für meine Gruppe begeistern? • Welche Symbole der Identifikation haben wir oder können wir schaffen?

ARBEITSHILFE
ONLINE

Wenn sich Menschen zusammentun, entsteht nach Maslow auch der Wunsch, innerhalb der Gruppe geachtet zu werden. Anerkennung und Wertschätzung sind entscheidende Faktoren, ob jemand bereit ist, sich für ein Thema oder eine Gemeinschaft zu engagieren. Im Berufsleben wird Arbeitsleistung in erster Linie mit Gehalt honoriert. Leiste Arbeit gegen Geld, so lautet die Grundformel. Es zeigt sich jedoch, dass Menschen echte Zufriedenheit im Job nur dann finden, wenn sie über die monetäre Vergütung hinaus einen ideellen Ausgleich erhalten. So kann ein Lob vor versammelter Mannschaft mehr wiegen als eine satte Gehaltserhöhung.

Insbesondere im ehrenamtlichen Bereich spielen Auszeichnungen und Würdigungen eine wichtige Rolle. Die Begeisterung oder das Engagement kippt schnell, wenn die Anerkennung fehlt. So entstehen häufig Konflikte, wenn Erwartungen nicht erfüllt werden. »Dafür habe ich mich all die Wochenenden von morgens bis abends engagiert und jetzt wird das noch nicht mal gewürdigt.« Sätze wie dieser oder zumindest ähnliche Gedanken, kommen leider nicht selten auf. Nach Maslow steht die Selbstverwirklichung, die zum Handeln veranlasst und keine Würdigung von außen bedarf, erst auf der obersten

Stufe. Daher ist es von zentraler Bedeutung, dass Menschen, die sich engagieren, entsprechende Anerkennung bekommen. Ein einfaches Dankeschön, ein kleiner Blumenstrauß oder ein öffentliches Lob können hier große Wirkung haben. Menschen aus ehrenamtlichen Organisationen berichten immer wieder, dass allgemeine Aufrufe zum Engagement oft wenig bringen. Spricht man jedoch Menschen unmittelbar an und bittet sie um Unterstützung, ist die Bereitschaft sich einzubringen oder ein Ehrenamt zu übernehmen, deutlich größer. Direkt gefragt zu werden heißt, auserwählt zu sein – und das bedeutet Anerkennung pur.

ARBEITSHILFE ONLINE

Übung

Beantworten Sie für sich die folgenden Fragen:
- Worauf lege ich besonders Wert, wenn ich mich selbst engagiere und einbringe?
- Wie wichtig sind mir Statussymbole und nach außen sichtbare Zeichen der Macht?
- Wie gehe ich damit um, wenn meine Leistung aus meiner Sicht nicht entsprechend gewürdigt wird?
- Wie aufmerksam bin ich gegenüber anderen?
- Fällt es mir leicht, Beispiele zu finden, wie ich mich bei anderen bedankt oder andere gelobt habe?
- Habe ich Menschen schon direkt angesprochen und sie um Engagement gebeten?

Noch ein Hinweis: Maslows Pyramide kann auch dabei helfen, eine Veranstaltung zu planen. Das tollste Event wird nichts, wenn nicht zu allererst die menschlichen Grundbedürfnisse befriedigt sind. Also sorgen Sie für ein gutes Catering und eine ansprechende Location, damit steht und fällt jede Veranstaltung.

3.1.2 Menschen für sich gewinnen

Menschen betrachten Themen und Situationen in der Regel nicht von einem neutralen Standpunkt aus. Jede Überlegung erfolgt subjektiv nach dem Motto: Was bedeutet das für mich? Entstehen mir Vor- oder Nachteile? Welche Konsequenzen ergeben sich daraus für mich? Wenn zum Beispiel Ihr Partner auf Jobsuche ist, wirkt sich die Wahl des neuen Arbeitsplatzes unweigerlich auch auf Sie aus. Nimmt er einen Job in einer anderen Stadt an, so bedeutet dies für Sie entweder eine Fernbeziehung, einen Wohnortwechsel oder im Extremfall, wenn Sie sich damit gar nicht anfreunden können, das Ende der Beziehung. Entsprechend wird Ihre Haltung hinsichtlich der Jobangebote für Ihren Partner sehr subjektiv sein.

Es ist für Ihren Erfolg entscheidend, dass Sie andere Menschen für Ihre Ideen gewinnen und begeistern können. Daher geht es nun um die Frage, wovon es abhängt, dass andere Menschen Sie und Ihre Themen unterstützen.

Am Anfang steht auf der inhaltlichen Ebene eine Idee oder ein Vorschlag, der durch Fakten überzeugt. Wenn wir bei unserem Jobbeispiel bleiben, könnten dies zum Beispiel ein renommierter Arbeitgeber, ein gutes Gehalt, Entwicklungsmöglichkeiten oder angenehme Arbeitszeiten sein. Ob Ihre Idee Anklang findet, hängt weiterhin damit zusammen, ob Ihr Gegenüber durch die Art und Weise, wie Sie ihm diese vermitteln, Wertschätzung empfindet. Es geht also um Emotionen.

Stellen Sie andere vor vollendete Tatsachen oder binden Sie sie in den Entscheidungsprozess mit ein? Bringen Sie zum Ausdruck, dass die Meinung und Interessen Ihres Gegenübers für Sie wichtig sind? Geben Sie Ihrem Gegenüber das Gefühl, dass er mit seinen Bedürfnissen ernst genommen wird? Bei unserem Jobbeispiel bedeutet dies, den Partner nach seinen Gefühlen und Bedürfnissen im Zusammenhang mit einem möglichen Wohnortwechsel zu fragen. Ist aus seiner Sicht ein Umzug grundsätzlich denkbar? Was braucht Ihr Partner, um sich auf Veränderungen einlassen zu können? Wichtig ist auch, dass Sie Ihre Bedürfnisse und Gefühle in diesem Zusammenhang aufzeigen, damit Ihr Partner nachvollziehen kann, warum Sie bestimmte Präferenzen haben. Schließlich wird die Haltung eines Menschen zu einer Idee stark davon beeinflusst, ob sie mit seinen Interessen vereinbar ist. Die eigenen Ziele und Visionen spielen ebenfalls eine wichtige Rolle.

Kann Ihr Partner für ihn positive Aspekte mit dem geplanten Jobwechsel verbinden und kommt er damit seinen Zielen näher, wird er Sie bei Ihrem Vorhaben unterstützen. So kann beispielsweise die Tatsache, dass in Zukunft ein höheres Familieneinkommen zur Verfügung steht, bedeuten, dass Ihr Partner seinen lang gehegten Wunsch realisieren kann, die Arbeitszeit zu reduzieren, weil er eine Weiterbildung machen möchte. Auch wenn der Standortwechsel im Interesse Ihres Partners ist, weil er selbst bessere berufliche Möglichkeiten in einer Großstadt hat, wird er das entsprechende Angebot gut finden. Sichtbar wird: Wer Menschen gewinnen und für die eigenen Ideen begeistern will, muss alle drei Ebenen berücksichtigen: Fakten, Emotionen und Ziele/Visionen.

ARBEITSHILFE
ONLINE

Übung

Wann und wo hatten Sie zuletzt eine Idee, für die Sie andere begeistern wollten? Wie sind Sie vorgegangen? Was hätten Sie bei Berücksichtigung der drei beschriebenen Ebenen anders machen können, um anderen Ihre Idee näher zu bringen? Spielen Sie diese Alternative einmal durch.

3.1.3 Werte, Tugenden und Umgangsformen

Unsere Welt ist schnelllebig, Entscheidungen müssen in immer kürzeren Zeiträumen getroffen werden. Da bleibt nicht viel Zeit fürs Nachdenken, Abwägen und Reflektieren – und auch für Höflichkeit. Waren es früher Tage, gar Wochen, die beim üblichen Postversand von Briefen zwischen der Anfrage und der Antwort lagen, sind es heute oft nur Millisekunden, bis eine elektronische Nachricht verschickt und angekommen ist. Das hat viele Vorteile – und Risiken: So verleiten die elektronischen Medien dazu, bezüglich der Umgangsformen so manches Mal allzu locker zu sein. Viele E-Mails enthalten keine persönliche Anrede mehr und auch keinen Gruß am Ende. Anstelle von ganzen Sätzen werden häufig nur noch Satzfetzen wie »Kündigung aussprechen«, »Aufgabe erledigt«, »erwarte Antwort bis 14 Uhr« ausgetauscht. Von Wertschätzung und Höflichkeit fehlt jede Spur. Dies setzt sich auch in der Anonymität standardisierter FAQ-Hilfestellungen auf Homepages fort, wo keine Möglichkeit besteht, persönlich eine Frage zu klären oder ein Anliegen vorzubringen.

Aber: Wie bereits mehrfach erwähnt, ist es ein grundlegendes Bedürfnis von Menschen, Wertschätzung zu erfahren und individuell wahrgenommen zu werden. Es geht um Respekt und Fairness. Und Networking basiert genau auf diesen Säulen. Wer wie der Elefant im Porzellanladen auftritt, schafft keine Grundlage für ein vertrauensvolles Miteinander. Dies bedeutet nicht, dass kritische Punkte und Konflikte nicht angesprochen werden sollen. Vielmehr steht das Wie im Mittelpunkt (mehr zum Umgang mit kritischen Situationen siehe Kapitel 4.5).

Wertschätzung kann auf sehr unterschiedliche Arten zum Ausdruck gebracht werden, hier einige Beispiele:

- Ein kleiner Dank für eine erbrachte Leistung oder einen vermittelten Auftrag.
- Persönliche Erreichbarkeit und das individuelle Eingehen auf die Wünsche und Bedürfnisse anderer. Das bedeutet nicht, dass Sie alle Vorstellungen erfüllen müssen. Jeder sollte aber die Möglichkeit haben, sein Anliegen zu äußern.
- Die Bedürfnisse des anderen ernst nehmen und nicht einfach als lächerlich abtun. Was wichtig ist, hängt ganz von der subjektiven Sicht ab.
- Im Gespräch die volle Aufmerksamkeit und Konzentration auf das Gegenüber richten, ohne dabei auf den Posteingang des Smartphones zu schauen.
- Eine Anrede und eine Grußformel in der Korrespondenz, auch wenn sie elektronisch erfolgt.
- Eine Entschuldigung, wenn ein Fehler gemacht wurde oder Sie unfair mit anderen umgegangen sind. Wer die Größe hat, sich zu entschuldigen, verliert nicht, sondern gewinnt an Ansehen.
- Respekt vor der Meinung des anderen. Sie brauchen die Meinung nicht zu teilen, akzeptieren Sie aber, dass andere Menschen anders ticken.
- Verlässlichkeit in den Zusagen und Terminvereinbarungen. Auf jeden Fall Bescheid sagen, wenn eine Zusage nicht eingehalten werden kann, und alternative Lösungen anbieten.
- Ehrlichkeit – das bedeutet nicht, dass Sie jedem alles erzählen müssen. Was Sie sagen, sollte jedoch wahr sein. Sprechen Sie offen aus, wenn Sie über etwas nicht reden dürfen.

Das, was Sie sich von anderen im alltäglichen Umgang wünschen, sollte die Grundlage Ihres Handelns sein. Dies stellt in der Regel eine gute und solide Basis dar, um mit anderen Menschen klarzukommen.

Übung   !

Überlegen Sie sich, wer Ihnen in letzter Zeit etwas Gutes getan hat, über das Sie sich gefreut haben. Schicken Sie diesem Menschen spontan einen Dank! Das könnte auf einer hübschen Grußkarte, am besten von Hand geschrieben, zum Beispiel so aussehen:

> *Lieber Dieter,*
>
> *habe gerade nochmals daran gedacht, wie Du mir letzten Freitag Deine Hilfe angeboten hast, als ich mit meinem PC nicht weiterwusste. Wie Du gemerkt hast, war ich ziemlich unter Druck. So war es ein großes Geschenk, dass Du spontan rübergekommen bist und angepackt hast.*
>
> *Ich wollte Dir einfach danken und zum Ausdruck bringen, wie sehr Du mir geholfen hast. Bitte zögere nicht, wenn ich Dich in irgendeiner Form unterstützen kann, und komm auf mich zu.*
>
> *Herzliche Grüße*
>
> *Jenny*

Sie finden, dass die Zeiten handschriftlicher Karten längst vorbei sind? Dann schauen Sie sich in den USA, dem Land der digitalen Medien, mal einen Drogeriemarkt wie CVS oder Walgreens an. Dort finden Sie über Regallängen die unterschiedlichsten sogenannten Thank-you-Notes, das sind Grußkarten mit einem Dank drauf. Ob nach einer Einladung, einer kleinen Gefälligkeit oder einem Vorstellungsgespräch: Eine handschriftliche Thank-you-Note gehört nach wie vor zum guten Ton; wer sie übergibt oder versendet, zeigt Umgangsformen. Gerade weil es bei uns nicht üblich ist, sich auf diesem Weg zu bedanken, können Sie sich damit besonders positiv abheben.

ARBEITSHILFE ONLINE

Übung

Schauen Sie Ihre E-Mail-Korrespondenz der letzten Woche durch und achten Sie darauf, ob Sie höflich und wertschätzend mit den Adressaten umgegangen sind. Welche Verbesserungsmöglichkeiten sehen Sie? Wenn Sie Ihren Ton ändern, wird dies auch das Verhalten Ihres Korrespondenz- oder Gesprächspartners beeinflussen. Wie heißt es so schön? Wie man in den Wald hineinruft, so schallt es hinaus.

3.1.4 Kommunikation: den anderen richtig verstehen

Networking basiert sehr stark auf erfolgreicher Kommunikation. Ob sich zwei Menschen überhaupt verstehen – selbst wenn sie die gleiche Sprache sprechen –, hängt von vielen Faktoren ab. Da Botschaften auf sehr unterschiedlichen Ebenen gesendet werde, ist es wichtig, nicht nur formale Aussage wahrzunehmen, sondern auch zwischen den Zeilen zu lesen. So vollzieht sich nach dem Eisbergmodell nur ein Siebtel der Kommunikation auf der sachlichen rationalen Ebene. Sechs Siebtel laufen auf der emotionalen Ebene ab und sind nach außen nicht ersichtlich. Warum zum Beispiel jemand in den eigenen Augen komisch reagiert, ist genau darin begründet, wie er eine Nachricht aufnimmt und was er für sich daraus entwickelt.

Das Grundmodell der Kommunikation ist zunächst recht einfach: Ein Sender schickt einem Empfänger eine Nachricht.

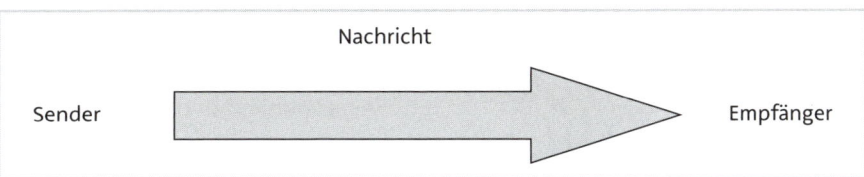

Leider ist das, was der Sender zum Ausdruck bringen will, oft nicht das, was beim Empfänger ankommt. Allgemein wird dann von Kommunikationsstörungen gesprochen. Die Ursachen sind vielfältig, hier einige Beispiele, wodurch es zu Störungen kommen kann:

- Nationalität, Kultur, Erfahrungen (zum Beispiel zwischen Asiaten und Europäern),
- Bildungsstand (zum Beispiel zwischen Akademikern und angelernten Hilfskräften),
- Fachsprache und Denkweise (zum Beispiel zwischen Wirtschaftswissenschaftlern und Ingenieuren),
- Geschlecht (zwischen Männern und Frauen),
- Alter (zwischen Jugendlichen und älteren Menschen).

Erfolgreiche Kommunikation setzt also voraus, dass Sie als Sender sich mit Ihrem Empfänger beschäftigen und versuchen, eine gemeinsame Kommunikationsbasis zu errichten. Je mehr Sie über Ihren Gesprächspartner wissen, umso besser können Sie Ihre Nachricht auf ihn abstimmen.

Als Akademiker werden Sie beispielsweise nur wenig Erfolg haben, wenn Sie einem Arbeiter in der Fertigung eine Nachricht in Form einer wissenschaftlichen These gespickt mit Fremdwörtern übermitteln. Einem Asiaten werden Sie zum Beispiel nur dann Wertschätzung erfolgreich vermitteln, wenn Sie bei der Begrüßung und Übergabe der Visitenkarten die Karte Ihres Gesprächspartners in beide Hände nehmen, sie intensiv betrachten und erst dann einstecken. Wer die Karte sofort in der Hosentasche verschwinden lässt, hat schon verloren.

Die vier Ebenen einer Nachricht

Wer die Kommunikation zwischen Menschen besser verstehen will, sollte begreifen, dass eine Nachricht nicht nur aus der reinen Sachinformation besteht. Der Kommunikationswissenschaftler Friedemann Schulz von Thun hat mit den vier Ebenen einer Nachricht ein schönes Bild geschaffen, wie Menschen mit »verschiedenen Ohren« hören.

- Sachebene: Worüber informiere ich?
- Selbstoffenbarungsebene: Was sage ich über mich?
- Beziehungsebene: Was halte ich von meinem Gesprächspartner? Wie stehen wir zueinander?
- Appellebene: Wozu möchte ich meinen Gesprächspartner veranlassen?

Das folgende Beispiel hilft beim Verständnis der vier Bedeutungsebenen.

! Beispiel

Ein Übungsleiter im Verein kommt zu seinem Vereinsvorstand und sagt: Am 1.10. werde ich mein 25-jähriges Jubiläum als Übungsleiter begehen.

- Sachinformation: Am 1.10. werde ich 25 Jahre im Verein Sportgruppen geleitet haben.
- Selbstoffenbarung: Ich bin stolz, so lange schon Übungsleiter zu sein.
- Beziehung: Sie sind als Vorstand auch im Hinblick auf das Jubiläum eine wichtige Bezugsperson, da Sie den Verein repräsentieren.
- Appell: Merken Sie sich das Datum in Ihrem Kalender vor und ehren Sie mich ordentlich an diesem Tag.

Die Berufswelt und der private Lebensraum sind voll von Situationen, in denen sich Aggressionen aufbauen, weil auf einer der vier Ebenen, sehr häufig auf der Beziehungs- oder Appellebene, Erwartungen nicht erfüllt werden. Wie beschrieben, beruhen viele Kommunikationsprobleme darauf, dass Sender und Empfänger – aus den unterschiedlichsten Gründen – etwas anderes in eine Botschaft hineinlegen.

Versuchen Sie, die verschiedenen Anteile einer Nachricht zu hören. Widmen Sie dabei dem Appell besondere Aufmerksamkeit. Vor allem Frauen kommunizieren ihre Bedürfnisse und Erwartungen nicht so bestimmt und fordernd wie Männer. Sie sagen eher etwas wie: »Mir ist irgendwie kalt«, statt klar eine Bitte zu formulieren: »Bitte machen Sie das Fenster zu!«

3.1.5 Der kleine Unterschied zwischen Männern und Frauen

»Männer sind anders, Frauen auch«, mit diesem Buchtitel von John Gray und seiner Metapher, dass Männer vom Mars und Frauen von der Venus kommen, betrachten wir einen weiteren Aspekt, der für erfolgreiches Kommunikationsverhalten und damit das Networking wichtig ist. Es geht um die schlichte und in zahlreichen Studien belegte Erkenntnis, dass zwischen Männern und Frauen geschlechtsspezifische Unterschiede beim Fühlen und Denken und damit auch beim Kommunizieren und Handeln bestehen.

Selbst wenn das zunächst sehr stereotyp klingen mag, so zeigen sich auch in repräsentativen Versuchen signifikant die folgenden geschlechtsspezifischen Verhaltensweisen: Frauen neigen dazu, ihre Leistungen und Fähigkeiten geringer zu bewerten und diese kleinzureden. Hat eine Frau ein Projekt erfolgreich gestemmt, findet sie in der Regel tausend Gründe, warum andere einen wesentlichen Anteil dazu beigetragen haben. Geht etwas schief, nehmen sie sehr leicht die Schuld auf sich und sehen das Scheitern als ihren alleinigen Fehler an. Im Bewerbungskontext erlebe ich immer wieder, wie zögerlich Frauen ihre Qualifikationen präsentieren und sich häufig ein Hintertürchen offenhalten, um nicht wirklich zu ihren Leistungen stehen zu müssen. »Ich könnte ja andere enttäuschen, wenn ich das dann doch nicht schaffe«, so lautet eine häufige Begründung.

Männern fällt es in der Regel leichter, einen Erfolg für sich zu verbuchen. Dagegen begründen sie Niederlagen oder Fehler oft damit, dass andere verantwortlich seien. Der berühmte Sündenbock muss herhalten. So sind Männer auch viel häufiger bereit, sich zu exponieren und eine offizielle Funktion zu übernehmen. Sie stehen ihren Mann, positionieren sich und trauen sich Aufgaben zu, auch wenn sie keine einschlägigen Erfahrungen haben. Männer zeigen tendenziell eine wesentlich stärker ausgeprägte Zielfokussierung und kommen daher schneller zur Sache. Das wird auch beim Networking sichtbar, Männer reden nicht lange um den heißen Brei herum, sprechen eigene Wünsche klar aus und gehen schnell in Aktion. Hier spielen die Themen Mut,

Draufgängertum und die Lust am Wettbewerb eine wichtige Rolle. Frauen hingegen bevorzugen den Austausch, das gemeinsame Wohlfühlen, ohne damit direkt einen persönlichen Nutzen verbinden zu wollen. Dass es mit einer Lösung allen gut gehen soll und Konflikte lieber vermieden werden, lässt sich auf ein ausgeprägteres Harmoniebedürfnis zurückführen.

Außerdem nehmen Frauen inhaltliche sachliche Angriffe sehr leicht persönlich. Während Männer sich oft in der Sache hart anlegen und bis aufs Messer streiten, gelingt es ihnen im Anschluss, wieder unbeschwert zusammen ein Bier zu trinken. Das ist für die meisten Frauen kaum vorstellbar. Frauen sind in der Regel vorsichtiger, auch zögerlicher, wägen zunächst ab, bevor sie Flagge zeigen. Das heißt nicht, dass sie schlechter oder weniger arbeiten, doch sie tun dies eher im Verborgenen und mit viel Aufwand, um Entscheidungen gründlich vorzubereiten. Analysen der Anlagestrategien von männlichen und weiblichen Aktienfondmanagern zeigen, dass Männer wesentlich häufiger die Portfolios umstellen und mehr Risiken eingehen als Frauen, bei beiden langfristig die Gewinne aber durchaus vergleichbar sind.

Dass sich Frauen dadurch gerade beim Thema Networking oft schwerer tun, belegt das folgende Beispiel.

! **Beispiel**

Eine Gruppe von Habilitandinnen, also Frauen, die sich an der Hochschule auf eine Professur vorbereiten, beklagten sich in einem Training: Ihre männlichen Kollegen würden wesentlich schneller eine Professur erreichen, dabei weniger Doktoranden betreuen und deutlich weniger Zeit in die Forschung investieren. Bei näherer Analyse zeigte sich, dass diese Frauen unglaublich engagiert arbeiteten, wenn es darum ging, Forschungsergebnisse zu erzielen und die ihnen anvertrauten Studenten und Doktoranden im Rahmen der Lehre fürsorglich zu betreuen. Gleichzeitig zeigte sich, dass diese Frauen weit weniger aktiv waren, wenn es darum ging, ihre Ergebnisse im persönlichen Kontakt nach außen sichtbar zu machen. Informelle Kontaktmöglichkeiten oder Gelegenheiten beim geselligen Glas Wein nach einer offiziellen Sitzung nutzten die männlichen Kollegen viel intensiver für die eigene Positionierung. Auf Nachfrage, warum sie nicht auch dort vertreten seien, antworteten die Frauen, dass sie den ganzen Tag so beschäftigt wären, sie hätten dafür nun wahrlich keine Zeit und Energie mehr.

Daher gilt besonders für Frauen die Empfehlung, nicht im Verborgenen zu bleiben, sondern die eigenen Erfolge deutlicher sichtbar zu machen und zu ihnen zu stehen. Die folgenden Ausführungen zum Thema Selbstmarketing werden somit ganz besonders den Leserinnen ans Herz gelegt.

3.2 Gelungenes Selbstmarketing

Es gibt ein Thema, das für viele Menschen – besonders für Frauen – unangenehm ist. Sich selbst darzustellen oder sich zu verkaufen, das ist oft negativ behaftet.

Wie las ich noch vor Kurzem in einem Poesiealbum aus alten Schulzeiten?

Sei wie das Veilchen im Moose,
so einsam, bescheiden und rein.
Nicht wie die stolze Rose,
die immer bewundert will sein.

Wer sich das zu Herzen nimmt, dem fällt es schwer, die eigenen Fähigkeiten und Erfolge nach außen sichtbar zu machen. Daher ist es so wichtig, sich mit dem Thema Selbstmarketing zu beschäftigen, damit Sie für sich einen persönlichen Weg finden, mit dem Sie sich identifizieren können. Machen Sie sich klar: Selbstmarketing ist kein Selbstzweck, es steht in engem Zusammenhang mit erfolgreichem Networking und damit auch Ihrem beruflichen Erfolg.

3.2.1 Was macht beruflichen Erfolg aus?

Häufig wird das Argument angeführt: Wenn ich etwas kann, also gute Arbeit abliefere, brauche ich doch diese ganzen Beziehungen und das Selbstmarketing nicht. Schließlich geht es doch um Leistung.

Das Problem beginnt aber schon beim Begriff »Leistung«. Während sie in der Physik ganz eindeutig als Quotient aus Arbeit durch Zeit definiert und messbar ist, fällt es wesentlich schwerer, sie bei einem Mitarbeiter zu bestimmen. Als Beispiel soll ein Kollege aus dem Vertrieb dienen. Ist er der beste Verkäufer, wenn er seine Produkte bis ins Detail kennt, sich also fachlich als topfit erweist? Bringt ein Mitarbeiter die beste Leistung, wenn er mengenmäßig die meisten Produkten verkauft? Geht es um den höchsten Umsatz (ganz gleich zu welchen Konditionen)? Geht es darum, den größten Deckungsbeitrag zu erzielen? Ist derjenige der Beste, der viele Kunden aus einer früheren Tätigkeit in das Unternehmen einbringt oder diese für das Unternehmen neu akquiriert? Oder ist der Verkäufer für das Unternehmen am wertvollsten, der es schafft, vertrauensvolle Kundenbeziehungen aufzubauen und langfristig die Kunden an das Unternehmen zu binden?

Sicherlich besteht Einigkeit, dass Wissen allein nicht die Basis für den Erfolg eines Verkäufers darstellen kann. Informationen sind im Kopf und dafür wird kein Arbeitgeber der Welt auch nur einen Cent bezahlen. Vielmehr geht es darum, was der Mitarbeiter mit seinem Wissen und seinen Fähigkeiten tatsächlich erreicht. Also steht das Handeln beziehungsweise die Umsetzung im Mittelpunkt. Viele Unternehmen sind davon abgekommen, erfolgsabhängige Vergütungen für ihre Vertriebsmitarbeiter nur auf Basis des Umsatzes zu berechnen. Zu häufig wurde auf Teufel komm raus verkauft, und zwar zu Konditionen, mit denen am Ende kein Gewinn mehr zu erzielen war.

Soll also doch der Gewinn in der Betrachtungsperiode als Messgröße dienen? Auch dieses Denken ist häufig zu kurzfristig. Was nützt ein Gewinn, wenn er darauf beruht, dass der Kunde mehr oder weniger über den Tisch gezogen wurde? Wenn er nur einmal kauft, um sich dann unzufrieden abzuwenden und schlecht behandelt zu fühlen, ist nichts gewonnen. Daher gehen die meisten Unternehmen heute dazu über, langfristige vertrauensvolle Beziehungen zu den Kunden aufbauen zu wollen. Und dieses Ziel steht und fällt mit der Person, die als zentraler Ansprechpartner den Kontakt zum Kunden hält, dem so genannten Key-Account-Manager. Was heißt das nun für unsere Ausgangsfrage? Ein Verkäufer ist dann erfolgreich, wenn es ihm gelingt, vertrauensvolle, dauerhafte Beziehungen zu Kunden aufzubauen und diese damit zu binden.

Zahlreiche Studien, darunter »Empowering Yourself: The Organizational Game Revealed by Harvey Coleman«, belegen, dass beruflicher Erfolg im Wesentlichen von drei Faktoren abhängt (siehe hierzu www.mondofrank.com/pie): Wissen, Image und Öffentlichkeitsarbeit.

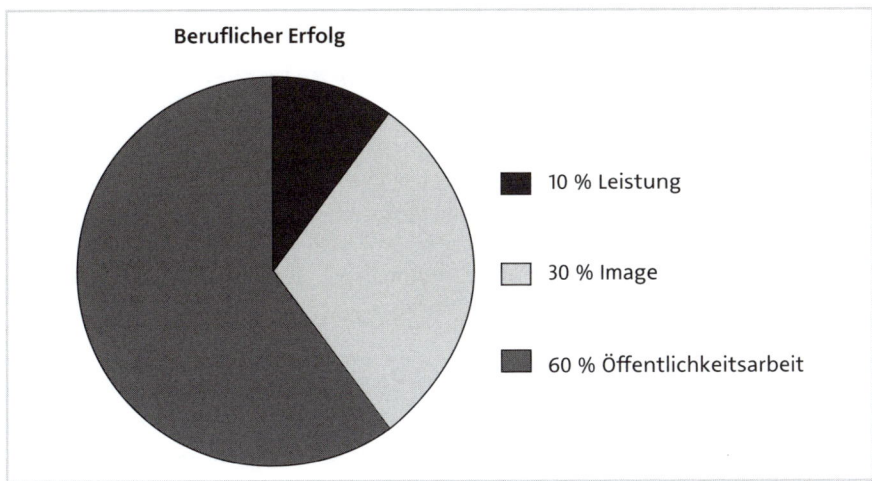

Beruflicher Erfolg

- 10 % Leistung
- 30 % Image
- 60 % Öffentlichkeitsarbeit

Das Image

Die tatsächliche Leistung spielt mit zehn Prozent nur eine sehr untergeordnete Rolle. Mit 30 Prozent Einfluss stellt das Image hingegen einen wichtigen Einflussfaktor dar. Was aber verbirgt sich hinter diesem Begriff? Das Image ist das wahrgenommene Bild, das andere Menschen von Ihnen haben. Es geht also um Ihre Wirkung auf andere.

- Was kommt Menschen in den Kopf, wenn sie an Sie denken?
- Welche Erfahrungen haben andere im Umgang mit Ihnen gemacht?
- Welche Eigenschaften werden Ihnen zugeschrieben?
- Was traut man Ihnen zu?

Wir bilden uns tagtäglich Meinungen über andere Menschen, wobei die Grundlage hierfür sehr unterschiedlich sein kann. Den erste Eindruck beispielsweise wird sehr stark durch visuelle Impulse bestimmt: Aussehen, Erscheinungsbild, Kleidung, Körperhaltung, Gestik und Mimik. Diesen Äußerlichkeiten werden bestimmte Eigenschaften zugeschrieben. Der erste Eindruck kann entscheidend sein, denken Sie nur an Vorstellungsgespräche oder Erstkontakte mit Kunden. Daher ist es wichtig, hier die richtigen Signale zu setzen, die Ihnen gerecht werden. Meist ist es sehr schwierig und langwierig, den ersten Eindruck zu korrigieren, oft gibt es dazu gar keine Chance mehr.

Geht es um längerfristige Kontakte, werden die Erfahrungen, die Ihr Gegenüber mit Ihnen macht, immer wichtiger:

- Konnte man sich auf Sie verlassen?
- Haben Sie Terminzusagen eingehalten?
- Verkaufen Sie die Ergebnisse anderer unter Ihrem Namen?
- Sind Sie verschwiegen oder plaudern Sie Informationen sofort aus?
- Sind Sie ein Teamplayer oder grenzen Sie andere bewusst aus?

! Übung

Versuchen Sie eine realistische Vorstellung davon zu bekommen, welches Bild andere von Ihnen haben. Ermitteln Sie Ihr Image in unterschiedlichen Umgebungen (Firma, Verbandsarbeitskreis, Familie, Verein ...). Finden Sie Schlagwörter, die mit Ihnen in Verbindung gebracht werden. Sie können hier auch die Ergebnisse aus der Übung zum Selbstbild und Fremdbild verwenden.

Welche Erkenntnisse haben Sie gewonnen? Sehen Ihre Kollegen Sie als den verschrobenen Wissenschaftler, der mit niemandem redet und nur sein eigenes Süppchen kocht? Werden Sie als »Mutter der Nation« wahrgenommen, die immer für alle da ist und bei der man alles abladen kann? Oder sieht man Sie als den arroganten Besserwisser, der keinen Humor versteht? Welche Schlagwörter sind aufgetaucht? Was steckt hinter diesen Begriffen?

Überlegen Sie sich, ob Sie von anderen auf diese Weise wahrgenommen werden möchten. Auch wenn Sie sagen: »So bin ich doch gar nicht!« – entscheidend ist nicht, wie Sie tatsächlich sind oder glauben zu sein, sondern wie andere Sie erleben. Wenn Sie also an Ihrem Image etwas ändern möchten, sollten Sie Ihre Energie darauf verwenden, neue Akzente zu setzen:

- Überraschen Sie Menschen, indem Sie sich bewusst von dem bestehenden Image lösen.
- Bereits eine Änderung im Erscheinungsbild, eine neue Frisur, ein neues Outfit können Wunder bewirken.
- Wenn Sie als Einzelgänger gelten, der sich absondert, laden Sie Ihre Kollegen doch einmal zu sich ein oder schlagen Sie eine gemeinsame Aktivität vor.

Seien Sie darauf gefasst, dass Sie bisweilen auf Unverständnis oder sogar Widerstand stoßen werden, wenn Sie Veränderungen vornehmen. Soll heißen: wenn Sie Verhaltensweisen zeigen, die nicht mit Ihrem bisherigen Image in Einklang stehen. Waren Ihre Kollegen zum Beispiel in der Vergangenheit daran gewöhnt, dass Sie ganz selbstverständlich deren ungeliebte Aufgaben mit übernommen haben? Hier heißt es Nein sagen zu lernen, damit Sie Freiraum bekommen, um für Sie wichtige Aufgaben bewältigen zu können. Machen Sie keine Vorwürfe: »Ihr habt mich in der Vergangenheit immer ausgenutzt«, sondern sagen Sie freundlich, aber bestimmt, dass Sie diese Aufgaben zukünftig nicht mehr erledigen werden. Erläutern Sie Ihren Standpunkt und schlagen Sie vor, gemeinsam nach neuen Lösungen zu suchen.

Beispiel   **!**

Karen Jacob arbeitet als Ingenieurin bei einem Energieversorger. Sie gilt als zuverlässige, engagierte Mitarbeiterin und Kollegin. In Teamsitzungen und bei Gruppenarbeiten hat es sich als selbstverständlich eingebürgert, dass sie am Flipchart diejenige ist, die mitschreibt. »Du hast doch so eine schöne Schrift!« Mit diesem Argument hat sie sich bisher immer wieder in diese Rolle drängen lassen.

Bei einer der vielen Teamsitzungen fing sie wieder an, wie üblich am Flipchart mitzuschreiben. Nachdem ein Themenblock abgearbeitet war, nahm sie den Stift und reichte ihn ganz gelassen dem Kollegen, der rechts außen saß, mit den Worten: »Übernimm du doch bitte für den nächsten Themenblock« und setzte sich auf ihren Stuhl. Der Kollege schaute zunächst irritiert und meinte, er hätte eine so schlechte Schrift, die keiner lesen könne. Weil er den Stift aber nun in der Hand hielt, war es sein Problem, einen anderen Kollegen dafür zu gewinnen, sich ans Flipchart zu stellen – das gelang ihm nicht. Letztendlich erledigte er diese Aufgabe und reichte nach dem nächsten Themenblock den Stift wiederum an einen Kollegen weiter.

Öffentlichkeitsarbeit

Die Öffentlichkeitsarbeit hat nach der obigen Untersuchung den größten Einfluss darauf, wie andere Menschen Sie einschätzen. Seien Sie sich also bewusst, wie wichtig es ist, dass Sie sich und Ihre Arbeit nach außen sichtbar machen nach dem Motto: Tue Gutes und rede darüber. Was heißt das für die Praxis? Zunächst sollten Sie sich mit dem Gedanken anfreunden, dass es nicht verwerflich ist, zu den eigenen Erfolgen zu stehen. Sie haben hart dafür gearbeitet und können etwas vorweisen. Wenn Sie nun mit Ihrer Öffentlichkeitsarbeit durchstarten wollen, sind vor allem drei Aspekte zu beachten, die im Folgenden ausgeführt werden.

1. Was kommuniziere ich?

Fokussieren Sie sich in Ihrer Öffentlichkeitsarbeit zunächst auf inhaltliche Aspekte und Ergebnisse, die Sie vorweisen können.

- Was haben Sie in der letzten Zeit erfolgreich gemacht? Was war Ihre persönliche Leistung?
- Welchen Nutzen bringt Ihre Arbeit?
- Wie können Sie das belegen?

Indem Sie Ihre Arbeit und die Ergebnisse in den Vordergrund stellen, wird es Ihnen leichter fallen, positiv darüber zu sprechen, ohne das Gefühl zu haben, anzugeben oder Selbstbeweihräucherung zu betreiben. »Unseren Reklamationsbearbeitungsprozess konnte ich durch das eben beschriebene Projekt um drei Tage verkürzen.« Eine solche sachliche Aussage genügt. Sie müssen nicht extra betonen, dass Sie gut sind. Diese Schlussfolgerung ziehen Ihre Adressaten von selbst. Es ist deshalb sinnvoll, die eigene Arbeit samt allen Ergebnissen zu dokumentieren und Aufgaben zu bearbeiten, die sich gut »vermarkten« lassen.

2. Wie kommuniziere ich?
Entscheidend bei dieser Fragestellung: Wer ist Ihr Gegenüber? Grundsätzlich gilt: Je höher eine Person in der Hierarchie angesiedelt ist, desto kompakter und komprimierter benötigt sie Informationen. Überlegen Sie daher:
- Wer sollte die Information bekommen?
- Welche Aspekte sind für meinen Adressaten besonders wichtig?
- Wie kann ich ihm am leichtesten die wesentlichen Aspekte vermitteln?
- Welches Medium eignet sich am besten?

Sie können beispielsweise
- einen kurzen Vortrag halten,
- eine Präsentation durchführen,
- einen Artikel schreiben,
- eine Telefon- oder Videokonferenz organisieren,
- eine Demo-Veranstaltung machen und etwas vorführen,
- Informationen beiläufig einfließen lassen,
- ein Webinar durchführen,
- eine Nachricht posten,
- eine Schautafel oder ein Poster für eine Konferenz erstellen.

3. Wo kommuniziere ich?
Finden Sie einen geeigneten Rahmen für Ihre Öffentlichkeitsarbeit. Das Mitarbeitergespräch mit Ihrem Chef kann eine gute Gelegenheit darstellen, wenn Sie über Ihre Arbeitserfolge berichten wollen, aber auch diese Anlässe eignen sich gut:
- Abteilungsbesprechungen,
- das firmeneigene Intranet,
- ein Weblog,
- soziale Netzwerke wie Xing, Twitter und Co.,
- Fachvorträge auf Tagungen,
- Artikel in Fachzeitschriften,
- Netzwerke aller Art,
- Beiträge in Internetforen,
- Arbeitskreise,
- informelle Treffen.

Entscheidend ist, dass Sie sich und Ihre Arbeit sichtbar machen. Mit den Onlinemedien haben sich die Möglichkeiten, etwas zu publizieren, massiv erweitert. Hier können Sie ohne großen zeitlichen oder finanziellen Aufwand Beiträge veröffentlichen. Auch das Publizieren von Artikeln und Büchern lässt sich dank Online-Druck und E-Books leichter realisieren. Indem Sie sich nach außen zeigen, werden andere auf Sie aufmerksam. Damit verbunden ist insbesondere für eher zurückhaltende Menschen der große Vorteil, dass sie nicht selbst aktiv auf andere zugehen müssen, sondern angesprochen werden. Klingt doch gut, oder?

Übung   **!**

Überlegen Sie sich ein Thema, das Sie gerne voranbringen wollen. Welche Möglichkeiten der Öffentlichkeitsarbeit bieten sich für Sie an? Machen Sie sich einen Plan, wie Sie Ihr Thema ganz konkret anderen näher bringen wollen.

3.2.2 Sich authentisch selbst darstellen

An dieser Stelle soll noch ein klassisches Vorurteil bearbeitet werden: Menschen, die Selbstmarketing betreiben, wollen mehr darstellen, als sie wirklich sind. Natürlich gibt es diese Typen, die sich überall zu Wort melden, sich mit den Federn und Erfolgen anderer schmücken und an gnadenloser Selbstüberschätzung leiden. Ihr Vorgehen sollte in der Tat nicht die Leitlinie sein, an der Sie sich ausrichten – und das ist auch gar nicht notwendig. Der Begriff »Selbstmarketing« bedeutet übersetzt nichts anderes, als sich selbst und die eigenen Fähigkeiten für andere sichtbar zu machen. Da stecken weder Übertreibung noch Angeben drin.

Nehmen wir die Situation in einem Vorstellungsgespräch: Warum wurden Sie eingeladen? Ziel ist es herauszufinden, ob Sie der passende Kandidat für den Job sind. Die Unternehmensvertreter kennen die Anforderungen an die Stelle. Im Interview geht es darum, mehr über Sie zu erfahren. Und wer weiß am meisten über Sie? Richtig, Sie selbst. Nur Sie haben all die Argumente und Belege, warum Sie die geforderten Voraussetzungen mitbringen. Warum fällt es Ihnen so schwer, diese zu benennen? Als Antwort auf diese Frage höre immer wieder den Satz: »Ich will ja nicht so angeben. Es ist mir unangenehm, über meine Leistungen und Erfolge zu sprechen.« Zwei Fragen drängen sich an dieser Stelle auf:

- Trauen Sie sich den Job zu und wollen Sie ihn auch?
- Und wenn ja: Wollen Sie, dass Ihnen jemand mit weniger Qualifikation den Job vor der Nase wegschnappt, weil Sie nicht all Ihre Trümpfe ausgespielt haben?

Wenn Sie die zweite Frage mit Nein beantworten, gibt es nur die Flucht nach vorne: Sagen Sie Ihren Gesprächspartnern, was Sie anzubieten haben. Denn wenn Sie es nicht tun, wer dann? Unternehmensvertreter sind darauf angewiesen, dass Sie Ihre Qualifikation und Ihre Kompetenzen auf den Tisch legen. Daher steckt hinter jeder Frage im Vorstellungsgespräch letztendlich die Aufforderung: Geben Sie mir Argumente an die Hand, warum ich Sie einstellen soll.

Was für das Vorstellungsgespräch gilt, lässt sich auf viele andere Situationen übertragen. Nur wenn Sie Ihre Fähigkeiten zeigen, können andere diese auch wertschätzen. Die entscheidende Frage lautet, wie Sie sie am besten sichtbar machen. Dabei helfen die bereits gewonnenen Erkenntnisse – um Menschen zu gewinnen, ist Aktion auf drei Ebenen erforderlich: Fakten, Emotionen und Ziele/Visionen.

Liefern Sie Fakten und Belege für das, was Sie anzubieten haben, und stellen Sie es anschaulich dar. Nur so kann Ihr Gesprächspartner nachvollziehen, was Sie mitbringen. Am besten gelingt dies in der Regel über Beispiele. Erinnern Sie sich an die Ausführungen hierzu in Kapitel 1? Ein gutes Beispiel sollte folgendermaßen aufgebaut sein: Je konkreter und anschaulicher Sie einen Sachverhalt beschreiben, umso leichter kann Ihr Gesprächspartner die Inhalte verstehen und sich auch emotional in die Situation hineinversetzen. Zudem sollten die Beispiele für Ihren Gesprächspartner interessant und in Hinblick auf seine Zielerreichung relevant sein. Es reicht also vollkommen aus, wenn Sie Ihre Fähigkeiten und Leistungen realistisch und anschaulich beschreiben.

> **!** **Beispiel**
>
> Sven Jäger beschreibt seine Fähigkeiten: »Im Rahmen meiner ehrenamtlichen Tätigkeit im Bereich Natur- und Umweltschutz nehme ich regelmäßig an Sitzungen mit den Stadtverordneten teil. Daraus ergab sich ein konkretes Projekt zum Thema Ausbau von Streuobstwiesen, das wir letzten Monat erfolgreich abschließen konnten. Wie Sie gerade erwähnt haben, wollen Sie sich auch mit diesem Thema näher beschäftigen. Gerne kann ich Ihnen hierzu weitere Informationen zukommen lassen, wie wir vorgegangen sind, oder direkt den Kontakt zu Herrn Müller herstellen, der das Thema Umweltschutz im Stadtparlament verantwortet.«

Wie klingt das für Sie: angeberisch oder seriös und überzeugend?

Zu vermeiden sind eigene Bewertungen: »Ich habe das toll gemacht«, »Ich kann Ihre Erwartungen absolut erfüllen« oder »Ohne mich kriegen Sie das nicht hin«. Bei solchen Äußerungen stellt sich eher ein unangenehmes Gefühl ein. Menschen wollen Informationen, Angebote, nachvollziehbare Belege und

Beispiele. Was sie nicht wollen ist, dass man ihnen die Freiheit nimmt, selbst zu bewerten, was sie hören. Sie wollen selbst entscheiden, was sie brauchen, möchten oder gut finden.

Wichtig

Eine wichtige Grundregel für seriöses Selbstmarketing lautet also: Liefern Sie Argumente, überlassen Sie die Bewertung und Entscheidung jedoch Ihrem Gegenüber! Die meisten Menschen fühlen sich mit dieser Vorgehensweise auch wohler. Denn so können sie sich voll und ganz auf die nachweisbaren Fakten fokussieren und müssen sich nicht zu weit aus dem Fenster lehnen. Und der andere kann frei entscheiden, ihm wird nichts aufgedrängt.

Ein zweites Vorurteil rund um das Thema Selbstmarketing lautet: Damit werde ich zur Mogelpackung! Nun, wie es damit aussieht, bestimmen Sie ganz allein. Im Grunde gibt es drei Möglichkeiten:
1. Sie haben einen hochwertigen Inhalt und stecken ihn achtlos in eine billige Verpackung.
2. Sie haben einen minderwertigen Inhalt und verpacken ihn bewusst luxuriös und aufwendig, um Eindruck zu machen und mehr vorzutäuschen, als vorhanden ist.
3. Sie haben einen hochwertigen Inhalt und verpacken ihn adäquat.

Nur bei der zweiten Variante geht es um eine Mogelpackung. Leider erlebe ich in der Berufspraxis viel zu häufig, dass Menschen den ersten Weg wählen. Sie haben tolle Leistungen erbracht und präsentieren diese so lieblos, dass niemand erkennen kann, was gut daran war. Damit schöpfen vor allem viele hochkompetente Menschen ihr Potenzial nicht aus und bleiben deutlich hinter ihren Möglichkeiten.

Machen Sie sich klar: Sie entscheiden selbst, wie Sie sich präsentieren. Wichtig ist ein gesundes Selbstbewusstsein. Gemeint ist wörtlich, dass Sie sich Ihrer selbst und Ihrer Fähigkeiten bewusst sind. Sie haben sich Ihre Erfolge erarbeitet und sollten auch dazu stehen. Das geht ohne Glamour, Selbstbeweihräucherung und Arroganz, indem Sie einfach auf dem Boden bleiben. Außerdem ist dies eine wichtige Voraussetzung, um ein guter Netzwerker zu werden: Ihn zeichnet aus, dass er um seine Fähigkeiten weiß und sich selbst bewusst ist, was er anderen anzubieten hat. Er steht zu sich, seinen Fähigkeiten und Erfolgen und kann dies in adäquater Form vermitteln.

3.2.3 Auf einen Blick: Marketing in eigener Sache

- »Tue Gutes und rede darüber«, so lässt sich am besten umschreiben, wie es Ihnen gelingt, sich und Ihre Fähigkeiten nach außen gut sichtbar zu machen.
- Die tatsächliche Leistung ist bei der Bewertung von Mitarbeitern häufig von untergeordneter Bedeutung. Das Image und die Öffentlichkeitsarbeit spielen eine wesentlich wichtigere Rolle.
- Machen Sie sich Ihre Fähigkeiten und Erfolge bewusst. »Das ist doch nichts Besonderes, darüber muss man doch nicht reden« – das ist der falsche Ansatz. Denken Sie an Situationen, in denen Sie von anderen ein positives Feedback bekommen haben, und stehen Sie zu Ihren Erfolgen.
- Belegen Sie Ihre Kompetenzen mit Beispielen, die zeigen, dass Sie die benannten Fähigkeiten tatsächlich haben. Sie können auch aus dem ehrenamtlichen oder privaten Zusammenhang stammen.
- Arbeiten Sie bewusst an Ihrem Image. Welches Bild haben andere von Ihnen? Sie können Ihr Selbstwertgefühl auch dadurch positiv beeinflussen, dass Sie Ihr äußeres Erscheinungsbild überprüfen und eventuell anpassen. Wie ist Ihre Körperhaltung? Wirken Sie selbstbewusst oder so, als ob Sie sich am liebsten verkriechen möchten? Wie ist Ihre Stimme? Sprechen Sie immer nur leise oder halten Sie sich sowieso am liebsten im Hintergrund auf? Auch Ihr Outfit (typgerechte Kleidung, Make-up, Frisur) kann einen wichtigen Einfluss auf Ihr Selbstwertgefühl haben. Es kann sein, dass Sie sich in für Sie passender Kleidung mehr zutrauen.
- Kontakte und gezieltes Networking sind für Ihre berufliche Entwicklung von zentraler Bedeutung. Nicht in offiziellen Besprechungen werden die wichtigsten geschäftspolitischen Entscheidungen getroffen, sondern eher in informellen Gesprächen während der Pausen oder nach Feierabend. Knüpfen Sie Kontakte und noch wichtiger: Pflegen Sie sie.

3.3 Menschen ansprechen

Dieses Buch bezieht sich vor allem auf das Berufsleben. Doch der erste persönliche Kontakt läuft in den unterschiedlichen Lebensbereichen nach sehr ähnlichen Mustern ab. Es geht immer um den ersten Impuls, den ersten Eindruck, der unser weiteres Verhalten in Bezug auf einen Menschen sehr stark prägt. Dieser Prozess vollzieht sich innerhalb weniger Sekunden und wird im Wesentlichen über die folgenden Faktoren bestimmt.

- Optisches Erscheinungsbild: Der erste Eindruck ist sehr stark visuell geprägt. Figur, Statur, Körperhaltung, Kleidung oder Frisur sind Aspekte, die diese Wahrnehmung bestimmen. Breite Schultern bei Männern wirken maskulin, stark und souverän. Große Augen bei Frauen vermitteln nach dem sogenannten Kindchenschema etwas Niedliches, das den Beschützerinstinkt weckt.

- Gestik und Mimik: Ein Lächeln wirkt einladend, positiv und offen. Eine gerunzelte Stirn vermittelt eine kritische, nachdenkliche Haltung. Unsere nonverbalen Signale haben eine starke Wirkung auf unser Gegenüber. Einerseits können wir sie gezielt einsetzen, andererseits verraten sie unsere wirklichen Absichten.
- Blickkontakt: Das Sprichwort »Ein Blick sagt mehr als tausend Worte« weist auf den hohen Stellenwert hin, den der Blickkontakt in zwischenmenschlichen Beziehungen einnimmt. Sich in die Augen zu schauen schafft Vertrauen und wer das nicht kann, wird irgendetwas zu verbergen haben, so die Einschätzung.
- Stimme: Sie müssen mit der Stimme lächeln können, so steht es zumindest in vielen Stellenanzeigen für Positionen, bei denen es hauptsächlich um telefonische Kontakte geht. In der Tat kann die Stimme Verbindlichkeit und Freundlichkeit vermitteln und so auf Menschen gewinnend wirken. Wie jemand spricht, sagt auch viel über seine Dynamik, Souveränität und Begeisterungsfähigkeit aus. Eine Stimme kann erotisch oder harsch klingen, Klarheit oder Zweifel ausdrücken.
- Händedruck: Das in unserem Kulturkreis übliche Ritual, sich mit Handschlag zu begrüßen, geht mit einem haptischen Reiz einher, einer ersten physischen Berührung des Gegenübers. Mit dem direkten körperlichen Kontakt werden wichtige Signale gesendet: Der kalte Fisch – die Hand des anderen verweilt sekundenlang ohne jede Regung und Anzeichen von Leben in der Begrüßungshaltung – wird als ein klares Zeichen von Distanz und Desinteresse gedeutet. Dann gibt es noch den Knochenbrecher, der entweder Dominanz oder fehlendes Feingefühl vermittelt, sowie den steifen Stock, der den ganzen Arm bei der Begrüßung weit ausstreckt, nur um andere nicht zu nahe kommen zu lassen. Eine freundliche Geste und der Beginn einer positiven Beziehung sehen anders aus. Wer dagegen offen auf sein Gegenüber zugeht, die ganze Handfläche reicht und angemessen stark die Hand des anderen drückt, zeigt Verbindlichkeit und die Bereitschaft, sich auf den anderen einzulassen.
- Geruch: Haben Sie auch schon Menschen getroffen, die Sie einfach nicht riechen können? Das Aftershave, der Parfümduft oder ein vom Körper ausgehender Geruch nach Schweiß oder Knoblauch bestimmen unseren ersten Eindruck entscheidend mit. Wir fühlen uns angezogen oder abgestoßen, wobei dies häufig ganz unterbewusst geschieht.

Und was hat das mit beruflichem Networking, ersten Treffen oder gar mit Flirten zu tun? Immer geht es erst einmal um die spielerische Annäherung zweier

Menschen, bei der alle Sinne mitwirken. Um das Ausloten, ob es einen Draht zueinander gibt, verbunden mit der Frage, ob man die andere Person näher kennenlernen möchte.

Beim Flirten steht klar die sinnlich-sexuelle Ausrichtung im Fokus. So können ganz gezielt Signale ausgesendet werden: Der Schmollmund, das Augenklimpern oder eine besonders aufreizende Körperhaltung sind die Klassiker beim weiblichen Geschlecht. Bei den Herren deuten ein cooler Blick, die breitbeinige Körperhaltung oder die vor Stolz geschwellte Brust darauf hin, dass die Männlichkeit und der Beschützerhabitus zur Schau gestellt werden. Im Businesskontext werden eher Aspekte wie Souveränität, Kompetenz und Vertrauenswürdigkeit möglicher Netzwerkpartner beim ersten Eindruck im Mittelpunkt stehen. Hinzu kommen aber auch hier emotionale Faktoren. Ist mir diese Person sympathisch? Geht sie offen auf mich zu? Fühle ich mich wohl in der Gegenwart des anderen?

In der Praxis vermischen sich die Wahrnehmungsebenen und es ist oft eine Gradwanderung, die Feingefühl erfordert, professionell korrekt und gleichzeitig verbindlich und sympathisch zu wirken. Soweit liegen die unterschiedlichen Lebensbereiche tatsächlich nicht auseinander. Üben Sie doch mal beim Flirten. Die eine oder andere Erfahrung dabei lässt sich auch im Businesskontext beim Networking verwenden.

3.3.1 Smalltalk: das kleine Gespräch

Verdrehen Sie nicht gleich die Augen, wenn der Begriff »Smalltalk« fällt. Ja, viele Menschen haben dazu ein eher distanziertes Verhältnis, weil sie das »Bla Bla« nicht mögen. Sie empfinden es als vergeudete Zeit, die mit leerem, sinnlosem Gerede gefüllt wird. Lassen Sie uns dennoch etwas genauer darauf schauen, was hinter Smalltalk steckt und welche Funktion er hat. Wörtlich übersetzt bedeutet das Wort »kleine Unterhaltung«. Das Gespräch sollte etwas Leichtes und Lockeres an sich haben und Lust auf mehr machen. Und genau das brauchen wir, wenn wir mit jemandem, den wir bisher nicht kennen, ins Gespräch kommen wollen.

Natürlich können Sie gleich zur Sache kommen und Ihren Wunsch äußern: »Ich möchte gerne, dass Sie mich Herrn Dr. Müller vorstellen. Das könnte ein interessanter Kunde für mich sein.« Oder sofort tiefgründige Themen ansprechen: »Die gesetzlichen Regelungen zum Thema Sterbehilfe sind einfach nicht akzeptabel, hier bedarf es dringend einer Reform.« Oder Sie stellen eine sehr persönlich Frage: »Benutzen Sie auch Slipeinlagen? Können Sie mir bitte aushelfen, ich habe meine vergessen?« Doch überlegen Sie selbst. Würde es Ihnen gefallen, wenn jemand Fremdes Sie so ansprechen würde? Sicherlich nicht. Das wirkt plump, unhöflich und ist wahrlich kein Einstieg, der Sympathie wecken wird.

Der Smalltalk sorgt also für Gelegenheiten, sich zwanglos anzunähern und sich zunächst an die andere Person heranzutasten. So paradox es klingt, aber damit ist der Smalltalk gerade für schüchterne Menschen ein Geschenk des Himmels. Er macht es möglich, die eigene Schutzzone und die des anderen zu wahren und sich vorsichtig zu beschnuppern. Beobachten Sie doch mal, was passiert, wenn sich zwei Hunde bei einem Spaziergang treffen. Sie machen im Grunde nichts anderes. Habe ich Lust, mit diesem Artgenossen zu spielen? Ist er interessant für mich? Auch bei uns Menschen geht es um die Entscheidung, ob wir mit einem uns noch fremden Wesen den Kontakt gerne vertiefen möchten. Eine gute Voraussetzung dafür bringen Sie mit, wenn Sie neugierig sind und sich grundsätzlich für andere Menschen interessieren. Es kann durchaus spannend sein, den ersten Eindruck, den Sie über das Erscheinungsbild des Menschen gewonnen haben, beim Smalltalk zu überprüfen und zu hinterfragen. Smalltalk verpflichtet zu gar nichts, er eröffnet jedoch die Möglichkeit für mehr.

Nun stellt sich nur noch die Frage nach dem Wie. Es gibt eine ganze Reihe von Möglichkeiten, mit einem Menschen ins Gespräch zu kommen. Der einfachste Weg führt über Gemeinsamkeiten. Menschen lieben es, wenn sie etwas finden, das sie mit anderen verbindet. Wenn Sie beispielsweise jemanden auf

Bali treffen, der aus dem gleichen Wohnort wie Sie kommt, gibt es in der Regel ein großes Hallo und der Gesprächsfaden lässt sich leicht spinnen. Zuhause würden Sie diesem Menschen wahrscheinlich kaum einen Blick schenken. Machen Sie es sich leicht: Bei Tagungen und Konferenzen verbindet Sie beispielsweise das Veranstaltungsthema mit den anderen Teilnehmern. Wenn Sie das nicht interessieren würde, wären Sie ja nicht dabei. Daher ist es sinnvoll, darüber einzusteigen, zum Beispiel so:

- »Da war ja ein großer Andrang bei diesem Vortrag. Wie ist denn Ihr Eindruck?«
- »Nach zwei Tagen mit Vorträgen am Stück habe ich den Kopf ganz schön voll. Wie haben Sie diese Tage erlebt?«

Die offene Frage nach dem persönlichen Eindruck bietet dem Gegenüber allen Freiraum bei der Antwort. Möchte er ins Gespräch kommen, wird er einsteigen und mit Ihnen reden, hat er gerade keine Lust oder ist in Eile, wird er kurz antworten und sich dann wieder entfernen. Auf Verbandstreffen oder bei Netzwerkveranstaltungen kann auch die Frage: »Ich sehe Sie hier zum ersten Mal, was hat Sie hergeführt?« ein solcher Einstieg sein.

Oft ergeben sich erste Gesprächsmöglichkeiten in den Pausen, bei einem Kaffee oder am Buffet. Damit haben Sie ebenfalls gute Ansatzpunkte, um ein Gespräch zu beginnen: »Das ist mal eine nette Idee, diese Form der Häppchen.« Oder: »Ein guter Kaffee ist genau das, was ich jetzt brauche. Darf ich Ihnen auch eine Tasse einschenken?«

Wer aufmerksam ist, kommt wesentlich leichter in den Austausch. Achten Sie auf andere Menschen und seien Sie hilfsbereit. Früher, als das Rauchen noch verbreiteter war, funktionierte das Feuergeben häufig als Icebreaker. Ganz gleich, ob Sie jemandem die Milch zum Kaffee reichen, etwas aufheben, was heruntergefallen ist, oder die Tür öffnen, wenn jemand die Hände voll hat: Das alles sind freundliche Gesten, die Sie zum Sympathieträger machen und ganz einfach das Gespräch eröffnen.

Bei Vorstellungsgesprächen wird als Erstes häufig das Thema Anreise aufgegriffen. Wenn Sie hierzu gefragt werden, beschreiben Sie bitte nicht die Odyssee, die Sie möglicherweise erlebt haben, mit all ihren Problemen und Hindernissen. Betonen Sie stattdessen das Positive, vielleicht die gute Anreisebeschreibung, den reservierten Parkplatz oder die hervorragende Anbindung des Standorts an den öffentlichen Nahverkehr. Ähnlich wie im Amerikanischen bei der Frage: »How are you?« geht es hier um die Leichtigkeit, die mit dem Smalltalk einhergehen sollte. Ein »Thank you, fine« ist als Antwort adäquat und reicht völlig aus.

Indem Sie etwas Nettes über Ihr Gegenüber oder das Sie umgebende Ambiente sagen, schaffen Sie ebenfalls einen guten Einstieg. Ernst gemeinte Komplimente sind in der Tat die besten Türöffner im Smalltalk: »Was für ein herrlicher Blumenstrauß!« Oder: »Diese Kombination aus modern und klassisch ist wirklich geschmackvoll. Da scheint jemand ein Händchen dafür zu haben.« Oder: »Wie schön, so herzlich begrüßt zu werden.« Doch Vorsicht! Sagen Sie nur, was Sie wirklich meinen. Anbiedernde Schmeicheleien wirken eher aufgesetzt und bewirken genau das Gegenteil von dem, was gewünscht ist. Seien Sie beim Smalltalk außerdem nicht zu persönlich oder direkt: »Toller Brillantring! Den hat sich Ihr Mann – oder war es Ihr Freund? – was kosten lassen.« Achten Sie darauf, dass Sie und Ihr Gesprächspartner sich wohlfühlen, damit eine gemeinsame Schwingung entstehen kann.

Auch gemeinsames Lachen kann zu einem entspannten Miteinander beitragen und ist ein guter Einstieg. Eine witzige Bemerkung, eine Geste oder Ihre Mimik kann das Eis brechen, weil sie zeigen, dass Sie Humor haben. Stehen Sie beispielsweise neben jemandem und Sie beobachten gemeinsam, wie sich eine dritte Person am Ende des Buffets den Teller richtig vollädt, können ein Blick und ein gemeinsames Schmunzeln mehr sagen als tausend Worte. Sofort herrscht Einigkeit und der Startpunkt für ein Gespräch ist gesetzt. Humor wird von vielen Menschen sehr geschätzt, doch auch hier kann zu viel des Guten problematisch sein. Wer ständig die Aufmerksamkeit auf sich lenken und witzig sein will, geht anderen schnell auf die Nerven. Und wer beim Smalltalk einen Witz erzählen möchte, sollte gut darüber nachdenken, welcher geeignet ist. Gerade weil Sie Ihr Gegenüber noch nicht kennen und Humor sehr unterschiedlich empfunden wird, empfiehlt sich Zurückhaltung.

Ergeben sich aus dem Smalltalk konkrete Ansatzpunkte für einen weiteren Kontakt und sind beide Gesprächspartner daran interessiert, das Gespräch zu vertiefen, so ist es wichtig, möglichst konkret die nächsten Schritte zu vereinbaren: »Das ist doch schön, dass wir beim Thema Vereinbarkeit von Familie und Beruf beide einen zukünftigen Arbeitsschwerpunkt sehen. Wollen wir uns hierzu nächste Woche mal treffen?« Dann tauschen Sie Ihre Kontaktdaten aus und vereinbaren, wer sich bei wem wann und wie meldet: »Gerne rufe ich Sie am Mittwochnachmittag an.« Es ist immer von Vorteil, wenn ein Telefonat vereinbart wird, da Sie dabei direkt den Gesprächsfaden wieder aufgreifen können. Eine schriftliche Kontaktaufnahme geht im Arbeitsalltag häufig unter und hat lange nicht die Wirkung wie ein Gespräch.

Achten Sie auf Signale Ihres Gegenübers, die Ihnen anzeigen, dass Ihr Gesprächspartner die Gesprächssituation beenden möchte. Monotone Antworten wie »Ach ja«, keine eigenen Gesprächsimpulse mehr oder vor allem nonverbale Signale wie der Blick auf die Uhr oder eine von Ihnen abgewandte Haltung sollten Ihnen sagen: Der Smalltalk geht zu Ende.

Wollen Sie selbst eine Gesprächssituation beenden, gestalten Sie dies für beide Seiten angenehm. Es macht wenig Sinn, sich längere Zeit zu quälen und nur noch genervt mit halbem Ohr zuzuhören. Genauso wenig sollten Sie Ihr Gegenüber rüde vor den Kopf stoßen: »Sorry, Ihr Gerede geht mir auf den Geist.« Denken Sie auch hier an die Leichtigkeit: »War nett, sich mit Ihnen zu unterhalten, jetzt muss ich weiter, da ich noch eine Verabredung habe« oder »Interessant, was Sie erzählt haben, für Ihr Projekt weiterhin viel Glück«.

Haben Sie beim Smalltalk festgestellt, dass ein anderer Teilnehmer der Veranstaltung ein interessanter Gesprächspartner für Ihr derzeitiges Gegenüber wäre, können Sie diese beiden Personen zusammenbringen, um das Gespräch zu beenden: »Da fällt mir gerade ein, Herr Weber von Linex ist ja heute Abend auch da. Ich glaube, das könnte ein interessanter Gesprächspartner für Sie sein. Darf ich Sie beide miteinander bekannt machen?«

Smalltalk lässt sich wunderbar in allen möglichen Situationen üben, sei es in der Bahn, im Wartezimmer beim Arzt oder in der Schlange an der Kinokasse. Je ungezwungener eine Situation ist, umso besser eignet sie sich als Übungsfeld. Wichtig ist nur, dass Sie dem Smalltalk positiv gegenüberstehen. Er kann neue Impulse bringen, Spaß machen und langweilige Wartezeiten mit Leben füllen. Und glauben Sie nicht, dass Sie andere auf die Nerven gehen, wenn Sie sie ansprechen. Viele Menschen finden es schwierig, selbst aktiv ein Gespräch zu beginnen, und sind daher froh, wenn Sie den ersten Schritt tun.

> **!** **Übung**
>
> Versuchen Sie bewusst, Smalltalk zu üben. Achten Sie besonders auf die nonverbalen Signale Ihres Gegenübers. Testen Sie unterschiedliche Ansätze und finden Sie heraus, womit Sie sich am wohlsten fühlen.

Zum Abschluss noch ein kleiner Knigge für den Smalltalk:

- Achten Sie auf Leichtigkeit und Zwanglosigkeit beim Einstieg in den Smalltalk.
- Eine freundliche Ausstrahlung und ein Lächeln erleichtern den Kontakt.
- Themen wie Krankheiten, Religion, Politik und natürlich alles Diskriminierende gehören nicht hierher.
- Halten Sie mit Ihrem Gesprächspartner Blickkontakt und schenken Sie ihm Ihre volle Aufmerksamkeit.

- Setzen Sie Ihren Gesprächspartner nicht mit einem Anliegen unter Druck (häufiges Problem bei Rechtsanwalt, Steuerberater oder Arzt: »Wenn ich gerade mit Ihnen spreche …«).
- Texten Sie Ihren Gesprächspartner nicht zu, sondern achten Sie auf Ausgewogenheit.
- Nutzen Sie offene Fragen (mit woher, wozu, weshalb, wie …), um den Gesprächsfluss in Gang zu bringen.
- Finden Sie Gemeinsamkeiten, das verbindet und sorgt für interessante Inhalte.
- Smalltalk heißt kleine Unterhaltung. Belassen Sie es dabei und nehmen Sie den Gesprächspartner nicht übermäßig in Beschlag. Bei konkreten Ansatzpunkten und beiderseitigem Interesse verabreden Sie lieber ein Treffen zu zweit.

Mit Menschen gut in Kontakt kommen
In Hinblick auf das Thema Menschenansprechen berichtet nun eine erfahrene Networkerin über ihre persönlichen Erfahrungen.

Dr. Angela Reitmaier ist promovierte Juristin und hat in verschiedenen Bereichen und an verschiedenen Orten gearbeitet, etwa im Wirtschaftsministerium in Bonn, in einer Anwaltskanzlei und als Beraterin von Firmen in Washington, im Entwicklungsprogramm der Vereinten Nationen und im kenianischen Büro der New Partnership for Africa's Development (NEPAD) in Nairobi. Aktuell ist sie bei Transparency International Deutschland (www.transparency.de) in Berlin beschäftigt. Schwerpunkt ihrer Tätigkeit in Washington war Lobbying. Sie saß im Vorstand der deutschen Schule und einer Kirchengemeinde in Washington und ist zurzeit im Vorstand einer Schule am Viktoriasee in Kenia sowie im Lenkungskreis des Deutschen Global Compact Netzwerks. An all diesen Stellen sind Kontakte und Networking wichtig!

Am Anfang meiner Berufstätigkeit war ich öfter zu Empfängen eingeladen. Ich ging gern hin, stellte aber häufig fest, dass ich niemanden kannte! Ich weiß noch gut, wie ich da gelitten und mich an meinem Glas festgehalten habe. Dann kam mir die Idee, zu zweit zu solchen Veranstaltungen zu gehen, und zwar mit einem Kollegen. Da hat man gleich einen Gesprächspartner und kann zudem besser auf andere zugehen, die vielleicht allein dastehen. Inzwischen habe ich es mir angewöhnt, mich selbst vorzustellen, insbesondere meinen Sitz- oder Tischnachbarn.

Vielleicht ergibt sich ein Gespräch, vielleicht nicht, aber noch niemand hat sich einer gegenseitigen Vorstellung verweigert.

Meinen größten Erfolg hatte ich, als ich mich jemandem vorgestellt hatte, der gleichzeitig mit mir bei einem Empfang durch die Tür in den Garten gehen wollte. Er vertrat eine Organisation, die ich schon lange im Blick hatte. Manchmal sieht man Konferenzteilnehmer noch einmal beim Nachhausegehen in der U-Bahn. Meine Tochter hat tatsächlich einmal einen für sie wertvollen Kontakt auf der gemeinsamen Heimfahrt geknüpft.

Was mich oft gehindert hat, noch mehr auf andere zuzugehen, war das Gefühl, ein Außenseiter zu sein. Bei meiner Tätigkeit in den USA und in Kenia war ich Ausländerin. Außerdem war mein Arbeitgeber so manches Mal nur am Rande davon betroffen, was das Thema war, oder ich zweifelte am Wert meiner Arbeit. In solchen Momenten ist es wichtig, sich zu überlegen, welche positiven Aspekte sich ins Gespräch einbringen lassen. Oder welchen Zusammenhang es trotz »Randlage« gibt und welche interessanten Gedanken man vielleicht gerade deshalb beitragen kann. Wenn man insgesamt oder zumindest zum Teil von dem überzeugt ist, was man tut, stärkt das die eigene Sicherheit und Ausstrahlung. Wichtig ist es auch, die eigene Tätigkeit in zwei, drei Sätzen darstellen zu können.

Hilfreich kann es sein, Teilnehmerlisten durchzusehen und sich vorab zu überlegen, wer ein guter Ansprechpartner wäre. So kann man andere Teilnehmer fragen, wer die betreffende Person ist, oder sie bitten, einen vorzustellen. Ich mache das auch so: Ich stelle Leute einander vor und erwähne dabei Gemeinsamkeiten oder gemeinsame Interessen. Aber nicht alle Gemeinsamkeiten eignen sich: Mir wollte eine Frau, der ich in Amerika von meinem Studium in Hamburg erzählte, gern ihren Mann vorstellen, weil er im Zweiten Weltkrieg Hamburg bombardiert hatte! Als der Mann kam, schauten wir uns nur verlegen an. Ich wies noch darauf hin, dass wir ja jetzt zum Glück in besseren Zeiten leben, aber wir gingen dann schnell wieder auseinander.

Auch kann es passieren, dass man eine bestimmte Person ansprechen möchte, deren Namen aber vergessen hat. Das sollte am besten positiv und unbekümmert angegangen werden, zum Beispiel mit: Frau? Oder: Herr? Das Gegenüber wird automatisch seinen Namen ergänzen. Die Frage: Wie war Ihr Name, helfen Sie mir bitte auf die Sprünge? ist ebenfalls gut. Wer unsicher ist, beobachtet einfach, wie Kollegen andere Menschen ansprechen. Vorbilder sind hilfreich!

3.3.2 Den richtigen Ton treffen

Wenn Sie mit Menschen ins Gespräch kommen und ein Thema gut platzieren möchten, ist der richtige Ton entscheidend. Ihr Gesprächspartner sollte sich von Ihnen im wahrsten Sinne des Wortes angesprochen fühlen. Damit dies gelingt, gilt es, mehrere Aspekte zu berücksichtigen: Inhaltlich geht es darum, das eigene Thema so vorzustellen, dass Ihr Gegenüber Ihnen folgen kann. Das kennen Sie sicher: Zwei Experten unterhalten sich über ein Thema und als Außenstehender versteht man nichts von dem Fachchinesisch. Naturwissenschaftler oder IT-ler tun sich besonders schwer, einem Nichtfachmann verständlich zu erklären, was ihr jeweiliges Fachgebiet ausmacht. Sicher, manche Fragestellungen – etwa die in einer Doktorarbeit – sind sehr komplex und wissenschaftlich.

Doch wem es nicht gelingt, einem Laien die wesentlichen Aspekte und Ziele der eigenen Forschung näher zu bringen, läuft leicht Gefahr, als vergeistigter Theoretiker abgestempelt zu werden. Sei es in Vorstellungsgesprächen mit Vertretern des Personalbereichs oder in Sitzungen von Projektteams, bei denen immer häufiger Vertreter aus den unterschiedlichsten Fachbereichen zusammenkommen: Immer geht es darum, anderen die eigenen Vorhaben und Standpunkte anschaulich zu vermitteln und andere für sich zu gewinnen. Erinnern Sie sich? Als es in Kapitel 1 um Ihre Fähigkeiten ging, kam auch die interdisziplinäre Kompetenz zur Sprache. Es ist eine echte Leistung, mit einfachen Worten und anschaulichen Bildern das Wesentliche für den Gesprächspartner auf den Punkt zu bringen.

Natürlich ist es in diesem Zusammenhang sehr wichtig, den Gesprächspartner einschätzen zu können, und zwar bezüglich
- seines Vorwissens,
- seiner Interessen bzw. seiner Haltung zum Thema und
- seiner Zielsetzung.

Übung !

Denken Sie an eine Präsentation oder einen Vortrag, den Sie in letzter Zeit gehalten haben, zurück. Wie intensiv haben Sie sich mit den Zuhörern im Vorfeld beschäftigt? Wussten Sie über deren Vorwissen, deren Interessen bzw. Haltung zum Thema und deren Zielsetzung Bescheid? Überlegen Sie, was Sie noch hätten tun können, um diesbezüglich besser vorbereitet in die Veranstaltung zu gehen.

3.3.3 Die richtige Sprache wählen

Um in unterschiedlichen Situationen und vor sehr unterschiedlichen Zielgruppen ein Thema souverän präsentieren können, ist Voraussetzung, die Zuhörer einer der drei fachlichen Ebenen zuzuordnen.

- Experte: Sie reden von Fachmann zu Fachmann.
- Fachfremder Kollege: Sie reden zum Beispiel als Chemiker mit einem Ingenieur.
- Laie: Sie reden mit jemandem, bei dem Sie keine Kenntnisse voraussetzen können. Dies ist in der Regel auch ein guter Ausgangspunkt für Personaler in Vorstellungsgesprächen.

! **Beispiel 1**

Jens Hermlinger, der in Chemie promoviert, beschreibt sein Thema auf den drei Ebenen.

Für Experten aus seinem Fachgebiet
Im Rahmen meiner Promotion habe ich mich mit der nasschemischen Bottom-up-Synthese von Silbernanopartikeln mit definierter Morphologie durch selektive Inhibierung nicht äquivalenter kristallografischer Flächen beschäftigt. Zur Analyse der Partikel wurde unter anderem eine Polfigurenmessung mittels Röntgenpulverdiffraktometrie entwickelt, anschließend wurde die biologische Wirksamkeit gegenüber humanen mesenchymalen Stammzellen sowie S. aureus untersucht.

Für fachfremde Naturwissenschaftler
Im Rahmen meiner Promotion habe ich mich mit der Synthese von Silbernanopartikeln in unterschiedlichen Formen beschäftigt. Dabei wurde die Formkontrolle durch Beeinflussung der Kristalloberflächen erreicht. Zur Analyse wurden hauptsächlich spezifische Methoden der Röntgenbeugung eingesetzt. Die biologische Wirkung wurde an prokaryotischen und eukaryotischen Zellen untersucht.

Für Laien
Während meiner Doktorarbeit habe ich kleinste Silberteilchen in unterschiedlichen Formen hergestellt, zum Beispiel als Kugeln, Würfel, Dreiecke und Stäbchen. Dabei war die Kontrolle der Form eine große Herausforderung. Anschließend wurden eine geeignete Nachweismethode (weiter)entwickelt und die Giftigkeit der Partikel für verschiedene Zellarten bestimmt, insbesondere in Hinblick auf mögliche Effekte im menschlichen Körper.

! **Beispiel 2**

Svenja Fontana erklärt ihr Thema aus der Teilchenphysik.

Für Experten aus ihrem Fachgebiet
Für meine Bachelorarbeit habe ich die WW-Streuung in führender und nächstführender Ordnung mit diversen Monte-Carlo-Generatoren verglichen.

Für fachfremde Naturwissenschaftler
Für meine Bachelorarbeit habe ich Teilchenphysik-Ereignisse mit diversen Programmen simuliert und dabei auch verschiedene Näherungen verglichen.

Für Laien
In der Teilchenphysik geht es um die ganz grundlegenden Fragen, zum Beispiel woraus die Welt besteht und wie sie entstanden ist – oder um es mit Goethes Worten zu sagen: »... was die Welt im Innersten zusammenhält.« Mit meiner Bachelorarbeit habe ich einen Teil zur Lösung beigetragen.

Übung

Jetzt sind Sie dran: Beschreiben Sie eines Ihrer fachlichen Themen auf den drei unterschiedlichen Ebenen.

ARBEITSHILFE
ONLINE

Und, wie sind Sie zurechtgekommen? Fanden Sie wie die meisten Menschen, dass die Beschreibung für den Laien am schwersten war? Das ist ganz verständlich. Schließlich geht es darum, hochkomplexe Sachverhalte so zu vereinfachen, dass bisweilen das Gefühl aufkommt, dem eigentlichen Thema nicht mehr gerecht zu werden. Doch letztendlich gibt es nur zwei Möglichkeiten:

- Ihr Gegenüber versteht nichts, das wird die Konversation und Ihr Verhältnis zueinander nicht stärken. Häufig entsteht beim Gegenüber dann auch das Gefühl, Sie wollten gar nicht, dass er etwas begreift, und heben sich deshalb ganz bewusst von ihm ab. So entsteht leicht der Eindruck von Arroganz.
- Ihr Gegenüber bekommt zumindest eine Idee davon, in welche Richtung Ihre Arbeit geht und welche grundlegenden Ziele Sie verfolgen. Vielleicht können Sie sogar echte Begeisterung spüren, wenn Ihr Gegenüber das Gefühl hat, einen Einblick in die »große Physik« oder die »richtungsweisende Medizin« zu erhalten. So gewinnen Sie Menschen für sich.

Doch es gilt, nicht nur auf der inhaltlichen, sondern auch auf der zwischenmenschlichen Ebene den richtigen Ton zu treffen. Dabei ist in erster Linie Professionalität ausschlaggebend. Das bezieht sich zum einen auf die Umgangsformen. Wenn Sie einen Termin vereinbart haben, seien Sie pünktlich und halten Sie im Businesskontext Visitenkarten zur Übergabe bereit. Wenn Sie mögen, lassen Sie auch private Visitenkarten erstellen, vielleicht sogar mit Foto. Damit machen Sie es Gesprächspartnern leichter, Sie im Gedächtnis zu behalten.

Wenn Sie gezielt auf einen Gesprächspartner zugehen wollen, bereiten Sie sich vorab gut vor. Je mehr Sie über Ihr Gegenüber wissen, umso besser lassen sich Anknüpfungspunkte finden. Hier sind Google und die sozialen Netzwerke oft sehr hilfreich. Nutzen Sie Ansatzpunkte, die auf Gemeinsamkeiten oder gemeinsame Interessen hinweisen. Professionalität zeigt sich auch darin, dass Sie Wertschätzung und Anerkennung für Ihr Gegenüber zum Ausdruck bringen, ohne ins Heucheln zu verfallen oder unterwürfig zu erscheinen.

Und denken Sie daran: Sie sind für einen Gesprächspartner dann interessant, wenn auch Sie etwas anbieten können. Überlegen Sie sich daher gute Anknüpfungspunkte. Suchen Sie ein Thema, das Sie und die kontaktierte Person verbindet und Vertrauen schafft. Die folgenden Aufhänger sind gut geeignet.

- Eine erste Begegnung in der Vergangenheit: »Gerne greife ich unseren Gesprächsfaden vom Mittelstandstreffen noch mal auf.«
- Ein gemeinsamer Kontakt: »Auf freundliche Empfehlung von Herrn Weber komme ich auf Sie zu. Ich soll Sie auch sehr herzlich von ihm grüßen!«
- Ein gemeinsames Event: »Wie ich gerade gesehen habe, werden wir beide bei der anstehenden Tagung zum Thema ‹Blended Learning in der Erwachsenenbildung› referieren. Da wollte ich vorab mit Ihnen Kontakt bezüglich einer Abstimmung aufnehmen.«
- Ein gemeinsames Thema: »Ihr Vortrag auf der Luftfahrtmesse in Friedrichshafen zum Thema Wirbelschleppen war sehr informativ und kurzweilig. Da ich mich auch mit diesem Thema beschäftige, komme ich heute auf Sie zu.«
- Eine Publikation: »Mit Interesse habe ich Ihren Artikel in der Werbewirtschaft zum Thema CRM gelesen. Einen der Aspekte, die Sie dort beschreiben, würde ich gerne mit Ihnen besprechen.«
- Eine Leistung oder Erfahrung: »Ich habe in Ihrem Xing-Profil gesehen, dass Sie auf dem Gebiet der Biologicals viel Erfahrung haben und auch schon bei Kooperationspartnern in Korea tätig waren. Ich befinde mich gerade in einer beruflichen Entscheidungssituation und wäre sehr an Ihrer Meinung und Einschätzung interessiert.«

Menschen reagieren in der Regel geschmeichelt, wenn sie auf Vorträge, Publikationen, Erfolge oder Ihre Erfahrungen angesprochen werden. Gerade das letztgenannte Beispiel könnte möglicherweise zunächst überraschen: Warum sollte jemand bereit sein, einer unbekannten Person einfach Auskunft zu geben?

Wie in Kapitel 3.1.1 bei dem kleinen Ausflug in die Psychologie beschrieben, sind Wertschätzung und Anerkennung wesentliche Antriebsmotivatoren. Wenn andere nach unserer Meinung fragen, bedeutet dies, dass wir wichtig sind. Grundsätzlich geben Menschen sehr gerne ihr Wissen weiter und fühlen sich gut, wenn sie anderen helfen können. Helfen macht glücklich.

Beispiel !

Auf einer Weiterbildungsveranstaltung des renommierten amerikanischen Life-Work-Planing-Experten Richard Bolles, an der ich selbst teilgenommen habe, wurde die Aufgabe gestellt, am Folgetag zu einem selbst gewählten Thema möglichst viele Informationen zu sammeln. Es ging darum, Menschen direkt anzusprechen: auf der Straße, in Geschäften, zuhause. Dabei sollte betont werden, dass man sich für eben dieses Thema interessiert und gerne mehr darüber erfahren möchte.

Ja, es kostete Überwindung, auf andere Menschen unvermittelt mit einer solchen Frage zuzugehen. Bolles gab fünf mögliche Fragen als Hilfestellung für ein solches Gespräch mit auf den Weg:

- Wie sind Sie dazu gekommen, sich mit diesem Thema zu beschäftigen?
- Was gefällt Ihnen daran besonders?
- Was finden Sie nicht so schön, sprich, was müssen Sie in Kauf nehmen?
- Was sollte man mitbringen, um in diesem Feld erfolgreich zu sein?
- Und schließlich: Mit wem sollte ich noch sprechen, wenn ich mehr über das Thema wissen möchte?

Mit der letzten Frage können Sie sich den Zugang zu anderen Experten auf dem Gebiet erschließen. Denn in diesem Fall gehen Sie mit einer Empfehlung auf die betreffende Person zu und bekommen damit einen Vertrauensvorschuss.

Rund 80 Prozent der angesprochenen Menschen sind zu einem Gespräch bereit, das belegen tausende Versuche von Bolles. Das größere Problem ist häufig, das Gespräch wieder zu beenden. Das gilt immer dann, wenn Menschen über etwas sprechen können, auf das sie stolz sind. Vielleicht wenden Sie nun ein, dass Amerikaner eben wesentlich redseliger und offener sind. Doch zahlreiche Feldübungen, die ich mit Studenten zur Erkundung von Berufsfeldern in Deutschland durchgeführt habe, kommen zu vergleichbaren Ergebnissen. Insbesondere die beschriebene Jokerfrage, wer noch zu diesem Thema gefragt werden sollte, kann weitere Türen öffnen.

Übung !

Sprechen Sie Menschen auf unterschiedliche Themen an und fragen Sie sie nach ihren Erfahrungen und ihrer Expertise. Beginnen Sie mit ganz trivialen Dingen: Fragen Sie den Besitzer des Eiscafés nebenan, warum sein Eis besonders gut schmeckt. Oder Ihren Nachbarn, warum er sich gerade für diesen Fahrzeugtyp als neues Auto entschieden hat. Oder die sonnengebräunte Kundin, wo sie im Urlaub war. Je sicherer Sie dabei werden, umso leichter wird es Ihnen fallen, diese Technik auch bei beruflichen Themen einzusetzen.

3.3.4 Der Elevator-Pitch

Wenn Sie mit Menschen in Kontakt treten, ist ebenfalls wichtig, dass Sie sich in Kürze aussagekräftig vorstellen. Es geht darum, dem Gesprächspartner möglichst prägnant den eigenen Hintergrund zu vermitteln und konkrete Ansatzpunkte aufzuzeigen. Für eine solche Kurzvorstellung hat sich der englische Begriff »Elevator-Pitch« etabliert. Das bedeutet, für die Selbstvorstellung steht die Dauer einer Fahrt mit dem Aufzug zur Verfügung, also zehn bis 30 Sekunden.

Wie kann eine solche Kurzvorstellung aussehen? Auch hier gilt wieder: Je mehr Sie über Ihren Gesprächspartner wissen, desto genauer lässt sich die Kurzpräsentation zuschneiden. Wenn Sie sich im beruflichen Kontext bewegen, sollten Angaben zu Ihrem Arbeitsschwerpunkt, Ihrem Arbeitgeber, Ihrem beruflicher Hintergrund und wie Sie zu Ihrer derzeitigen Tätigkeit gekommen sind, nicht fehlen. Klar werden sollte auch, wie Sie auf Ihren Gesprächspartner gestoßen sind und worum es geht.

Sagen Sie auf jeden Fall deutlich, wie Sie heißen. Ist Ihr Name kompliziert oder klingt er fremd, versuchen Sie, eine bildhafte Assoziation zu schaffen. Damit erleichtern Sie es Ihrem Gegenüber, sich den Namen zu merken.

! **Beispiel 1**

Guten Tag, Herr Weber. Darf ich mich Ihnen kurz vorstellen? Mein Name ist Yuying Peng. (Kurze Pause.) Peng wie der Knall. (Lächeln, Übergabe der Visitenkarte.) Ich komme aus Shanghai und bin seit vier Jahren bei Cilco als Technology-Scout in Deutschland tätig. Als Maschinenbauerin liegt mein Schwerpunkt im Bereich Produktionsplanungssysteme. Ich verfüge insbesondere in der Lebensmittelindustrie über umfangreiche Erfahrung, da ich zwei Jahre dort in der Fertigungsplanung tätig war. Durch Ihren Vortrag auf der Messe bin ich auf Sie und Ihr Unternehmen aufmerksam geworden. Ich sehe einige interessante Ansatzpunkte im Hinblick auf Kooperationen, deshalb möchte ich mich sehr gerne mit Ihnen unterhalten.

Es folgt ein zweites Beispiel. Hier hat ein erster Kontakt bereits stattgefunden. Nennen Sie in solchen Fällen Ihren Namen noch einmal, vor allem falls der Kontakt schon etwas länger zurückliegt, und geben Sie ein paar Stichwörter, damit Ihr Gegenüber sich leichter an Sie erinnern kann.

! **Beispiel 2**

Guten Abend, Frau Thumm. Wie schön, Sie auf dieser Veranstaltung wiederzusehen. Sabine Wieland. (Pause.) Wir hatten bei der Jahrestagung der Vereinigung des Mittelstands – das muss im April gewesen sein – über Ihre bevorstehende Reise nach

Bangalore gesprochen. Da ich ja für die indische Firma TCA im Produktmanagement arbeite, bin ich öfters dort. Wie war denn Ihre Reise?

Übung

ARBEITSHILFE
ONLINE

Erstellen Sie für sich das Grundgerüst einer Kurzvorstellung. Hier kann auch das Kompetenzprofil aus Kapitel 1 nützlich sein. Auf dieser Basis lässt sich je nach Situation ein spezifischer Elevator-Pitch erstellen. Üben Sie die Kurzvorstellung(en) so oft wie möglich, damit Sie sie bei Bedarf mit Leichtigkeit abrufen können.

3.3.5 Kontakteknüpfen auf Fachmessen

Wie in Kapitel 2 dargelegt, sind Messen und Events ideale Plattformen, um Kontakte zu knüpfen. Schließlich ist es ja das Ziel solcher Veranstaltungen, Menschen zusammenzubringen. Wenn Sie als Besucher auf eine Messe gehen, um Menschen anzusprechen, empfiehlt es sich ebenfalls, gut vorbereitet anzutreten und den Messebesuch professionell zu gestalten. Es folgt eine Checkliste, die Sie bei Ihren Vorüberlegungen unterstützt.

Checkliste: Vorbereitung für einen Messebesuch

ARBEITSHILFE
ONLINE

- Überlegen Sie sich, welche Ziele Sie mit dem Messebesuch verfolgen.
- Informieren Sie sich im Vorfeld, welche Aussteller auf der Messe anwesend sind.
- Recherchieren Sie mögliche Anknüpfungspunkte:
- Kennen Sie Menschen, die schon mit diesen Unternehmen Kontakt haben und aus deren Berichten sich Ansatzpunkte ergeben könnten?
- Gibt es Produkte des Unternehmens, mit denen Sie schon gearbeitet haben?
- Stehen gemeinsame Erfahrungen und Projektideen im Raum, die für beide Seiten interessant sein könnten?
- Sind Kontakte, die Sie haben, für das Unternehmen interessant?
- Erstellen Sie Visitenkarten, falls Sie noch keine haben.

Im Vordergrund sollte immer die Antwort auf die Frage stehen, was Sie zu bieten haben. Nehmen Sie mit dem Unternehmen drei bis vier Wochen vor der Messe Kontakt auf, beschreiben Sie Ihr Interesse und den Anknüpfungspunkt. Bitten Sie um einen Gesprächstermin auf der Messe. Besuchen Sie Messen am besten an den Fachbesuchertagen und nicht am Wochenende, da Sie dann davon ausgehen können, dass spannende Gesprächspartner vor Ort sind. Erstellen Sie nach und nach einen Zeitplan für Ihren Messebesuch. Darin sollten einerseits die vorterminierten Gespräche eingetragen werden, andererseits sollte genügend Freiraum für Kontaktgespräche mit Unternehmen bleiben, die Sie erst vor Ort als interessant identifizieren. Sprechen Sie die Firmenvertreter möglichst dann an, wenn es am Messestand nicht zu voll ist. Warten hinter Ihnen schon drei weitere Besucher, wird die Chance auf ein intensives

Gespräch eher klein sein. Gibt es am Messestand einen Counter mit Messehostessen, die die Gesprächstermine für die Standmitarbeiter koordinieren, nennen Sie freundlich Ihren Gesprächswunsch und geben Ihre Visitenkarte ab. Falls alle passenden Gesprächspartner derzeit eingebunden sind, vereinbaren Sie einen späteren Termin.

Im Gespräch mit dem Ausstellermitarbeiter nennen Sie deutlich Ihren Namen und übergeben Ihre Visitenkarte. Klären Sie zunächst, welche Funktion Ihr Gegenüber hat, damit Sie abschätzen können, auf welchem fachlichen Level das Gespräch ablaufen soll. Beschreiben Sie, was Sie anzubieten haben oder wo Sie Ansatzpunkte sehen. Hier kommt Ihnen die Fähigkeit sehr zugute, Sachverhalte bezogen auf den Gesprächspartner verständlich und prägnant auf den Punkt zu bringen.

Vereinbaren Sie, wie es nach dem Gespräch weitergehen soll. Gibt es ein gemeinsames Interesse? Wenn ja, wer meldet sich bei wem? Werden zusätzliche Informationen benötigt? Wichtiger als das Messegespräch selbst ist, was Sie daraus machen und wie Sie den Kontakt fortführen. Bedanken Sie sich im Nachgang mit einer Karte oder einer E-Mail für das Gespräch und drücken Sie Ihr Interesse an einem weiteren Kontakt aus. Alternativ können Sie eine Kontaktanfrage bei Xing oder LinkedIn mit dem Dank verbinden und so gleich den Kontakt festigen.

3.3.6 Kontakt am Telefon: mit der Stimme lächeln

Wenn Sie mit Menschen in Kontakt kommen wollen, werden Sie zunächst geneigt sein, dies schriftlich zu tun. »Das ist nicht so aufdringlich wie ein Telefonat und ich gehe den Leuten nicht auf den Nerv« – das höre ich häufig, wenn ich hinterfrage, warum jemand lieber Kontakt in schriftlicher Form als mit einem Anruf aufnimmt. Allerdings ist es so, dass eine schriftliche Nachricht wie eine Einbahnstraße erscheint. Bei der Flut an E-Mails ist zudem die Gefahr groß, dass Ihre Anfrage untergeht.

Gerade wenn es um eine noch fremde Person geht, spielt die Art und Weise, wie der Erstkontakt verläuft, eine wichtige Rolle. Schließlich entscheidet der Adressat in wenigen Sekunden, ob er den Kontakt mit Ihnen für interessant genug hält oder nicht, er kann Ihre E-Mail im schlechtesten Fall mit einem Klick schnell löschen. Beim Telefonat hingegen ergibt sich direkt eine Gesprächssituation, in der Sie Ihr Thema platzieren können. Die Wahrscheinlichkeit, dass jemand bei einer freundlichen Anfrage sofort den Hörer auflegt, ist eher gering.

Im Verlauf der bisherigen Networking-Reise hat sich gezeigt, dass es nicht nur auf die inhaltliche Argumentation ankommt, sondern auch Aspekte wie Stimme und Körpersprache eine entscheidende Rolle spielen. Da beim Telefonieren Gestik und Mimik entfallen, kommt hier der Stimme eine ganz besondere Bedeutung bei. Wie heißt es so schön in Stellenanzeigen für Mitarbeiter von Callcentern? Sie müssen mit der Stimme lächeln können! In der Tat lassen sich Emotionen auch mit der Stimme übertragen. Wenn Sie sich Ihren Gesprächspartner vorstellen oder sogar ein Bild von ihm vor sich haben, gelingt dies in der Regel leichter.

Vielleicht hilft es Ihnen auch, einen Spiegel aufzustellen, damit Sie ein Gegenüber während des Telefonats haben. Wissen Sie, wie Ihre Stimme am Telefon klingt? Nein? Dann machen Sie die Probe aufs Exempel, indem Sie eine Nachricht auf Ihrem Anrufbeantworter hinterlassen und diese abhören. Manch einer ist ziemlich überrascht, welcher Eindruck dabei entsteht. Insbesondere wenn Sie mit einer Freisprecheinrichtung telefonieren, kann es passieren, dass Ihre Stimme beim Gesprächspartner zu laut oder zu schrill ankommt, Unwohlsein verursacht und Sie deshalb nicht punkten können.

An dieser Stelle folgen ein paar praktische Tipps für die Kontaktaufnahme per Telefon:

- Stellen Sie sich kurz vor und fragen Sie Ihren Gesprächspartner, ob er für das Telefonat gerade Zeit hat. Es ist nicht gut, wenn jemand unter Druck ist und Sie ihn dann in Beschlag nehmen wollen. Er wird Ihnen nicht zuhören und Sie abwimmeln. Falls Ihr Gegenüber keine Zeit hat, schlagen Sie einen anderen konkreten Termin vor: »Darf ich Sie morgen früh um 9:00 Uhr noch einmal anrufen?«
- Vermeiden Sie Ironie und Humor. Da Mimik und Gestik nicht verfügbar sind, funktioniert dies am Telefon in der Regel nicht.
- Sprechen Sie langsam und machen Sie kurze Pausen. Sie geben Ihrem Gesprächspartner damit Raum, das Gesagte zu verarbeiten.
- Versuchen Sie beim Gespräch auch immer wieder zu lächeln, das sorgt für Lockerheit. Radiomoderatoren lächeln oft beim Reden, damit ihre Stimme freundlich, entspannt und engagiert klingt.
- Kommen Sie auf den Punkt. Langes Reden um den heißen Brei lässt Ihren Gesprächspartner leicht ungeduldig werden.

- Am Ende des Telefonats sollte eine konkrete Vereinbarung stehen, wenn von beiden Seiten ein Follow-up oder ein weiterer Kontakt gewünscht ist. Fassen Sie das Ergebnis zusammen und lassen Sie es sich vom Gesprächspartner bestätigen.
- Bedanken Sie sich zum Schluss: Ein ehrlicher, verbindlicher Dank drückt Wertschätzung aus.

!   **Übung**

Gehen Sie von nun an bewusst auf Menschen telefonisch zu und verbessern Sie Ihre diesbezügliche Kompetenz. Bevor Sie das nächste Mal eine E-Mail schreiben, überlegen Sie, ob sich nicht ein Telefonat anbietet.

3.3.7   Special: Alltag einer Journalistin

Der gute Kontakt zur Presse ist sehr hilfreich, denn was nützt die beste Geschäftsidee, wenn niemand davon weiß? Wenn ein Journalist eine Geschichte über ein Produkt, eine Destination oder eine Entwicklung schreibt, wird eine breitere Öffentlichkeit darauf aufmerksam. Läuft man sich nicht auf Messen oder bei Pressekonferenzen über den Weg und lernt sich nicht direkt kennen, kommt der Kontakt zur Presse in der Regel über das Telefon zustande. Doch Journalisten bekommen manchmal mehr Anrufe und E-Mails, als ihnen lieb ist.

Verena Wolff (www.verenawolff.de) ist freie Journalistin und schreibt für verschiedene Print- und Online-Medien – sowohl tagesaktuell als auch mit längerem Vorlauf. Sie beschreibt hier die häufigsten Typen von Anrufern, die sich aus PR-Agenturen melden.

Das Telefon klingelt. Ich bin gerade mitten im Schreiben einer Geschichte, die Gedanken kreisen schneller, als die Finger tippen können. Auf der To-do-Liste: diverse andere Geschichten schreiben, vorbereiten, nachbereiten. Menschen anrufen, Ideen besprechen, Themen generieren und verkaufen. Aber dazu kommt es nicht. Es klingelt aus dem kleinen silbernen Ding, das neben mir auf dem Schreibtisch steht: »Hallo, Frau Wolff. Prima, dass ich Sie erreiche. Wir haben tolle Neuigkeiten von unserem Kunden xy, blablabla ...«

Ich hyperventiliere beim Zuhören fast und denke mir, dass die Taktik, den Angerufenen erst einmal zu fragen, ob der Zeitpunkt überhaupt gerade passt, doch ganz gut ist. So handhabe ich das jedenfalls, wenn ich irgendwo anrufe. Wenn die Dame auf der anderen Seite – meistens ist es eine Dame, eine recht junge noch dazu – dann doch mal Luft holen muss, nutze ich die Chance und greife ein: »Seien Sie mir nicht böse, aber ich habe gerade leider überhaupt keine Zeit.« So etwas in der Art sage ich dann, möglichst freundlich. Dann gibt es zwei Möglich-keiten. Eigentlich drei.

- *Die Dame redet weiter, als wäre nichts geschehen. Etwa so wie die Menschen, die aus dem Callcenter eines Mobilfunkanbieters anrufen und den neuesten Super-Mega-Allround-Tarif an den Mann bringen müssen.*
- *Oder sie schweigt. Ich weiß dann manchmal nicht, ob mein freundlicher Satz doch ein bisschen unfreundlich rübergekommen ist. Das soll er nicht.*
- *Oder sie ist ein Profi, der den Job schon ein Weilchen macht und sagt so etwas wie: »Kein Problem. Kann ich Sie später noch mal anrufen?«*

»Ja, gerne«, sage ich im letzten Fall, wenn sich das Thema spannend anhört. »Wie wäre es, wenn wir morgen telefonieren?« In diese Richtung geht die Formulierung, wenn ich versuche, das Schweigen im zweiten Fall zu brechen. Die Chancen, dass ein solches Telefonat tatsächlich zustande kommt, stehen irgendwo bei 50 : 50. Ich rufe an, wenn ich Zeit habe und die Idee interessant klingt. Kann aber auch sein, dass mein Gegenüber schon mit mir abgeschlossen hat und sich gedanklich bereits auf den nächsten Anzurufenden vorbereitet. Das Geschäft ist schnelllebig.

Die Chance, dass ich in Fällen wie dem ersten abermals Kontakt aufnehme, ist in-des eher gering. Denn wenn sie noch einmal atmen muss, greife ich wieder gleich ein und sage etwas nachdrücklicher: »Ich habe leider wirklich gerade gar keine Zeit.« Geht es dann weiter wie vorher, muss ich leider zum unhöflichsten aller Mit-tel greifen und den roten Knopf drücken. Vielleicht telefonieren wir ein anderes Mal wieder. In ferner Zukunft.

Gut, könnte man jetzt sagen, Du kannst ja einfach nicht ans Telefon gehen. Oft bimmelt aber erst das Festnetztelefon und direkt danach noch das Handy – vor al-lem wenn jemand ein wirklich dringendes Mitteilungsbedürfnis hat oder eine Liste von Menschen abtelefonieren muss. Und: Mit dem ersten Ton und dem Blick aufs Display ist die Konzentration ohnehin erst einmal futsch. Ich versuche in der Regel, wenigstens den Satz noch schnell zu Ende zu tippen, mit dem ich gerade kämpfe.

3.3.8 Druckfrei: nicht die Pistole auf die Brust setzen

Wenn Sie es richtig anpacken und den passenden Ton finden, sind Menschen grundsätzlich hilfsbereit und offen für eine erste Kontaktaufnahme. Was ab-solut nicht funktioniert: penetrant auftreten und Druck ausüben. Sie wissen sicherlich, wie Sie selbst reagieren, wenn Ihnen andere vorschreiben wollen, was Sie zu tun oder zu glauben haben. Noch schlimmer ist es, wenn unter fadenscheinigen Vorwänden ein Gespräch gesucht wird und sich dann her-ausstellt, dass es nur darum geht, etwas zu verkaufen.

! **Beispiel**

Der regionale Repräsentant einer Wirtschaftsvereinigung nutzt sämtliche Veranstaltungen, um Kontakte zu knüpfen. Das ist ja okay. Doch im Nachgang geht er auf einzelne Personen zu und spricht von interessanten Kooperationsmöglichkeiten. Er schlägt vor, sich zu einem persönlichen Gespräch zu verabreden. Bei diesem Treffen stellt sich dann heraus, dass er als Unternehmensberater für Kunden Businesskonzepte entwickelt und sich bestimmt lukrative neue Geschäftsfelder für den Gesprächspartner finden lassen. Diese Dienstleistung ist selbstverständlich kostenpflichtig. Danach könne auch über eine mögliche Kooperation nachgedacht werden.

Seriös? Nein, ganz und gar nicht. Der Gesprächspartner fühlte sich veräppelt, über den Tisch gezogen und seiner Zeit beraubt. So lässt sich keine vertrauensvolle Zusammenarbeit begründen.

Andere zu bedrängen ist eine echte Unart auch beim Networking. Wer penetrant immer wieder versucht, allein deshalb ins Gespräch zu kommen, um einen Vorteil für sich zu erlangen, hat schnell ein schlechtes Image weg. Netzwerken sollte etwas Leichtes haben. Wer drückt und schiebt und bedrängt, hat das Wesen von Networking nicht verstanden. Dies gilt auch für die Vereinbarung von Terminen. »Ich bin am Dienstag ganz in Ihrer Nähe, wollen wir uns auf einen Kaffee treffen?« wirkt leichter und zwangloser als das Pochen auf einen Besprechungstermin.

! **Übung**

Denken Sie darüber nach, welche Kontaktaufnahme bei Ihnen als unangenehm im Gedächtnis geblieben ist. Was hat Sie gestört? Merken Sie sich dies für Ihr eigenes Verhalten. Fällt Ihnen auch eine Situation ein, bei der Ihnen positiv in Erinnerung geblieben ist, wie jemand auf Sie zuging? Was hat Ihnen gefallen? Wie können Sie dies in Ihr eigenes Kontaktaufnahmeverhalten integrieren?

3.4 Kontakte halten und pflegen

Kontakte zu knüpfen ist das eine, Kontakte dauerhaft zu pflegen ist wahre Kunst. Letztendlich lässt sich nur darauf aufbauend nachhaltiges Networking betreiben, das Zauberwort heißt hier Vertrauen. Dieses Gefühl lässt sich nicht verordnen, im Gegensatz zum ersten Eindruck baut es sich über einen längeren Zeitraum nach und nach auf. Beständigkeit ist gefragt und nur über positive Erfahrungen festigt sich der Eindruck, sich auf den anderen verlassen zu können. Auch hier zeigt sich wieder – entgegen mancher Vorurteile –, dass Netzwerken nichts für oberflächliche Plaudertaschen ist, sondern seriöses und zuverlässiges Verhalten erfordert. Gutes Networking beruht weniger auf Reden als auf Tun. Es gibt verschiedene Arten, um aktiv Vertrauen aufzubauen:

- Ein Lieferant hält verlässlich seine Terminzusagen ein.
- Ein Dozent ist auch nach Unterrichtsende noch bereit, die offenen Fragen seiner Schüler zu beantworten.
- Ein Freund ist in Notsituationen immer zur Stelle und hilft.
- Eine Nachbarin nimmt die Päckchen an und gießt während des Urlaubs die Blumen.
- Ein Arzt untersucht seine Patienten gründlich und stellt keine vorschnelle Diagnose, gegebenenfalls zieht er Experten hinzu.
- Ein Verkäufer stellt den Bedarf des Kunden in den Mittelpunkt und nicht das Produkt, das ihm die höchste Provision bringt.
- Ein Netzwerkpartner denkt an seine Kollegen und bringt Menschen zusammen.

ARBEITSHILFE ONLINE

Übung

Beschreiben Sie Situationen, die bei Ihnen dazu beigetragen haben, dass Sie einem Menschen vertrauen. Was war/ist dabei besonders wichtig für Sie? Was haben Sie Ihrerseits getan, um anderen zu zeigen, dass sie Ihnen vertrauen können? Fällt es Ihnen leicht, zehn Menschen zu benennen, denen Sie vertrauen?

Zur Kontaktpflege gehört zudem, sich in bestimmten Abständen beim anderen zu melden. Der Glückwunsch zum Geburtstag, die Gratulation zum neuen Job oder Wünsche zu Weihnachten sind gute Gelegenheiten, sich in Erinnerung zu rufen, wenn gerade keine konkreten Projekte oder Themen anstehen. Doch Vorsicht: Auf standardisierte E-Mails oder 08/15-Weihnachtskarten mit Aufdruck und einer oftmals noch nicht einmal leserlichen Unterschrift kann jeder verzichten. Machen Sie es lieber richtig – oder gar nicht! Eine persönliche Anrede ist das Minimum und bei wichtigen Kontakten sollten zwei, drei auf den Adressaten abgestimmte Sätze hinzukommen. Die Mühe lohnt sich.

Berichten Sie über etwas, dass Sie erlebt haben. Worüber haben Sie sich gefreut? In welchem Zusammenhang haben Sie zum Beispiel vor Kurzem an den Adressaten gedacht? Greifen Sie etwas auf, das Sie verbindet. Eine persönliche Frage, beispielsweise wie der im letzten Jahr angeschaffte Hund das Familienleben verändert hat, stärkt die Vertrautheit. Sie zeigen dem Adressaten, dass er es Ihnen wert ist, dass Sie sich Gedanken machen.

Um in einen Dialog zu kommen, kann es auch sinnvoll sein, vor dem allgemeinen Weihnachtsrummel Menschen anzurufen. Oder Sie verlagern Ihre Aktivitäten in den Januar und wünschen alles Gute für das noch junge Jahr. In diesem Fall können Sie über die Weihnachtszeit berichten und die guten Vorsätze für das neue Jahr einbringen. Und vielleicht findet sich dabei ein gemeinsamer Ansatzpunkt.

3.4.1 Den Kunden kennen: wie Unternehmen Beziehungen aufbauen

Wie wichtig eine auf Verlässlichkeit und Bestand ausgerichtete Kontaktpflege ist, haben auch viele Unternehmen im Umgang mit ihren Kunden erkannt. Es geht nicht nur darum, den schnellen Euro zu verdienen. Da es viel schwieriger ist, neue Kunden zu akquirieren, als zusätzliche Geschäfte mit bereits vorhandenen Kunden zu machen, setzen viele Unternehmen auf die Pflege ihrer Kundenbeziehung, neudeutsch wird das Customer-Relationship-Management (CRM) genannt.

Erfolgreiches CRM beruht darauf, die eigenen Kunden möglichst gut zu kennen. Dazu erfolgt zunächst eine sogenannte ABC-Analyse, bei der die Kunden in unterschiedliche Kategorien eingeteilt werden. A-Kunden stellen die wichtigste Kundengruppe dar, mit ihnen lässt sich der größte Umsatz erzielen, der wichtigste Markt erobern oder das größte Wachstumspotenzial erschließen. Daher wird dieser Kundengruppe besondere Aufmerksamkeit geschenkt.

> **! Beispiel**
>
> So macht es zum Beispiel die Lufthansa mit ihrem Vielfliegerprogramm: Sie verleiht ihren wichtigsten Kunden spezielle Statusattribute. Auf der ersten Stufe befindet sich der »Frequent Traveller«. Er muss 35.000 Statusmeilen oder 30 Linienflüge im Jahr erreichen. Auf der nächsten Stufe stehen die »Senatoren«, sie fliegen mindestens 100.000 Meilen im Jahr. Und schließlich, ganz an der Spitze, rangieren die »Hon Circle Members«, die mindestens 600.000 Meilen in zwei aufeinanderfolgenden Jahren fliegen. Während Frequent Traveller zum Beispiel mehr Freigepäck mitbringen dürfen und Zugang zu den Frequent-Traveller-Lounges haben, gibt es für die Senatoren eigene Lounges, einen First-Class-Check-in und eine spezielle Kunden-Hotline. Die Hon Circle Member erhalten zusätzlich persönliche Betreuungsleistungen wie einen Limousinen- und Transferservice, der sie direkt zum Flugzeug bringt.

Im Zeitalter von Big Data werden vielfältige Informationen über Kunden gesammelt. Im Internet wird das spezifische Ausrichten von Angeboten auf das bisherige Kaufverhalten der Kunden noch weiter perfektioniert. Cookies lassen grüßen und so erhalten wir etwa bei Amazon maßgeschneiderte Produktvorschläge. Personalisierung heißt das Stichwort. In der Flut der Angebote wird dem Kunden eine auf sein Profil zugeschnittene Auswahl präsentiert.

Der Zielgruppe entgegenkommen

Karin Brenner arbeitet seit 2013 bei dem größten unabhängigen Ticketdienstleister in Deutschland. Sie beschreibt, wie Unternehmen speziell Facebook als Kommunikationskanal zielgruppenspezifisch und personalisiert einsetzen können und welche Erfahrungen sie dabei gemacht hat. Es wird deutlich, dass der Ticketverkauf für emotional belegte Events ein gutes Gespür für die Interessen potenzieller Käufer erfordert.

Facebook ist für Unternehmen ein wertvoller Kommunikationskanal geworden, mit derzeit 1,55 Milliarden aktiven Nutzern ist es das größte soziale Netzwerk der Welt. Hauptsächlich werden auf Facebook private Kontakte gepflegt, dennoch ist die Plattform auch ein kommerzielles Netzwerk für Unternehmen. Die zwei wesentlichen Bestandteile für den Erfolg beim Networking allgemein und eines Facebook-Auftritts hat mit der Personalisierung von Inhalten zu tun. Beim Empfehlungsmanagement kommen die sogenannten viralen Effekte hinzu.

Anders als bei herkömmlichen Kommunikationskanälen können über Facebook Botschaften an eine exakt definierte Zielgruppe gerichtet werden. Nirgendwo sonst ist der potenzielle Kunde derart bereit, aus eigenem Antrieb seine Meinungen, Interessen sowie persönliche Daten zu veröffentlichen. Dieses Wissen nutzen wir zum Beispiel bei der Vermarktung von Veranstaltungen in Form von »Targetingoptionen«, über die wir bestimmen, welche Menschen wir erreichen möchten. Der Standort, das Alter, die Interessen, der Beziehungsstatus und der Lieblingssportverein sind nur ein paar Beispiele aller möglichen demografischen Kriterien, anhand derer wir unsere Zielgruppen für einzelne Events auswählen können.

Für uns ist es beispielsweise interessant, an genau die Kunden heranzutreten, die auf Facebook Interesse an bestimmten Sängern gezeigt haben. Denn die Kaufwahrscheinlichkeit für Tickets steigt mit der inhaltlichen Relevanz von geposteten Inhalten. Dies hat sich bei einer detaillierten Auswertung der Publikumsresonanz auf Marketingmaßnahmen deutlich gezeigt. Auch für erfolgreiches Networking ist die zielgruppenspezifische Ansprache wesentlich. Nur wer seine bestehenden und/oder potenziellen Kunden genau kennt und weiß, wie er das gesammelte Wissen über diese Zielgruppe sinnvoll einsetzen kann, überzeugt.

Darüber hinaus haben die Kunden oder Interessenten mit der offiziellen Unternehmensseite auf Facebook eine zentrale Anlaufstelle. Mit einem Klick auf den

»Like«-Button können Nutzer die jeweilige Seite mit ihrem persönlichen Profil verbinden und so zum Fan – also Abonnent – der Seite werden. Damit besteht die Möglichkeit, Unternehmensbeiträge öffentlich zu kommentieren und selbst Beiträge zu erstellen. Daraus entwickelt sich ein öffentlicher interaktiver Dialog zwischen dem Unternehmen und seinen Fans. Es entstehen zudem virale Effekte, etwa wenn bestehende Fans einen Unternehmensbeitrag kommentieren oder teilen und so eine weitere Zielgruppe, zum Beispiel ihre Freunde, auf einen bestimmten Inhalt aufmerksam machen. Unternehmen bekommen so Zugang zu Personen, die sie sonst nicht erreichen würden.

3.4.2 Wissen über das eigene Netzwerk

Was hat dieser kleine Ausflug in die Welt des CRM mit unserem Thema Networking und Kontaktpflege zu tun? Nun, zum einen macht es Sinn, dass Sie sich darüber Gedanken machen, wer Ihre wichtigsten Netzwerkpartner sind.

ARBEITSHILFE
ONLINE

Übung

Erstellen Sie eine Rangliste Ihrer wichtigsten Netzwerkpartner. Diese Kontakte können wichtige Kunden, Multiplikatoren, Pressekontakte, Kollegen oder Verbündete in der Sache sein. Überlegen Sie, wie viel Energie oder Zeit Sie für die Pflege dieser Kontakte investieren. Steht Ihr Aufwand im Verhältnis zur Bedeutung, die der Kontakt für Sie hat?

Zum anderen ist es hilfreich, die Netzwerkpartner mit ihren Vorlieben und Interessen zu kennen. Damit schaffen Sie eine gute Basis, um auf deren Bedürfnisse eingehen zu können. Das Wissen über Ihre Netzwerkpartner erleichtert Ihnen die Kontaktpflege und gibt Ihnen die Möglichkeit, einen persönlichen Zugang zu finden. Ferner hilft es Ihnen, schnell zu entscheiden, mit welchem Thema Sie wen ansprechen können. Kriterien dabei sind unter anderem berufliche Hintergründe, die sogenannten Hard Facts:

- Welche Fähigkeiten und Expertisen hat Ihr Netzwerkpartner?
- Welchen fachlichen Background besitzt er?
- Wo ist Ihr Netzwerkpartner regional angesiedelt?
- Zu welchen Branchen hat er einen Bezug?
- Zu welchen Unternehmen hat er Kontakte?
- Und ganz wichtig: Wann, wo und in welchem Zusammenhang haben Sie die Person kennengelernt?

Ihre Kontaktliste, die Sie im Verlauf von Kapitel 2 erstellt haben, beinhaltet einige dieser Informationen. In Hinblick auf die persönliche Beziehungspflege

ist es schön, wenn ein paar private Informationen hinzukommen, die sogenannten Soft Facts:

- Wann hat Ihr Netzwerkpartner Geburtstag?
- Sofern er in einer Beziehung lebt, wie heißt der Partner/die Partnerin?
- Hat er Kinder? Wenn ja, wie heißen sie und wie alt sind sie?
- Hat er spezielle Hobbys?
- Gibt es einen bevorzugten Urlaubsort? Hat er vielleicht sogar ein eigenes
  Ferienhaus?

Es geht hier nicht darum, investigativ alle möglichen Informationen systematisch abzufragen, sondern darum, diesbezügliche Aussagen Ihres Gesprächspartners zu hören und spezielles Wissen zu sammeln. Es macht einen Unterschied, ob Sie jemandem im nächsten Gespräch vor den Sommerferien einfach
einen schönen Urlaub wünschen oder ergänzen können: » Fahren Sie wieder
in Ihr Ferienhaus nach Korsika?« Vor allem Nachfragen zu den Kindern sorgen
für eine persönliche Note. »Reitet Ihre Tochter Sandra immer noch so gern?«
Doch Vorsicht: Wenn Sie sich im Gespräch auf diese Ebene begeben, sollten
Sie in etwa abschätzen können, wie alt die Kinder zwischenzeitlich sind. »Wie
geht es denn der kleinen Marie? Kann sie schon laufen?« Peinlich, wenn Marie
schon in die Schule kommt.

Solche Informationen lassen sich recht einfach in Outlook oder jedem beliebi-
gen Datenbanksystem speichern, Sie brauchen nicht alles im Kopf zu haben.
Viele Details finden Sie auch in den Social Media. Der Vorteil besteht darin –
wenn Sie verlinkt sind –, dass Sie zum Beispiel automatisch auf Geburtstage
aufmerksam gemacht werden oder eine Information erhalten, wenn einer Ihrer Kontakte den Job gewechselt hat. Damit sind Sie immer auf dem aktuellen
Stand der Dinge.

3.4.3 Liefern statt fordern: kleine Gesten, große Wirkung

Für den Aufbau und die Pflege eines Netzwerks, in dem sich Vertrauen entwickeln kann, gilt der ganz zu Beginn im Buch genannte Grundsatz für gutes
Networking: Ein guter Netzwerker fragt nicht zuerst, was er von anderen bekommen kann, sondern was er für andere tun bzw. ihnen bieten kann.

Gehen Sie also in Vorleistung. Wenn Sie spannende Informationen haben, überlegen Sie, für wen sie hilfreich sein könnten. Seien Sie großzügig, denn wer sein Wissen und seine Ressourcen bunkert und frenetisch abriegelt, wirkt nicht sympathisch und vermittelt den Eindruck, dass er nicht viel zu bieten hat. Es ist auch ein Zeichen von Selbstbewusstsein, andere teilhaben zu lassen. Wer gerne gibt und sich seiner Fähigkeiten bewusst ist, kann gelassen auftreten.

Ich kenne viele Berater und Trainer, die sehr darauf bedacht sind, dass ihre Präsentations-Charts oder ihre Seminarunterlagen nicht von Kollegen – vermeintlichen Konkurrenten – gesehen, geschweige denn kopiert werden. Was ist denn das Schlimmste, was passieren kann? Jemand übernimmt Inhalte für seine eigenen Veranstaltungen. Doch ist nicht die Art und Weise, wie jemand in seiner Beratung oder bei seinem Training vorgeht, wie er mit den Kunden oder Teilnehmern umgeht, sie begeistert, motiviert, ihnen Impulse gibt, sein wirkliches Kapital? Die Einmaligkeit bei der Vermittlung von Inhalten macht doch den Unterschied und fesselt Menschen. Wie war das mit der Wirkung? Sie setzt sich zu zehn Prozent aus Inhalt, zu 26 Prozent aus Stimme und zu 64 Prozent aus Körpersprache zusammen. Warum dieses unbedingte Festhalten, wenn doch vor allem das Teilen in den Dialog und Austausch führt?

Vielen Menschen ist gar nicht bewusst, welche Schätze sie in sich tragen. Gibt es auch bei Ihnen etwas, das Ihnen selbstverständlich erscheint oder das Sie mühelos erledigen können? Für andere ist damit vielleicht ein riesiger Aufwand verbunden. Was können Sie besonders gut und was fällt Ihnen leicht? Sind Sie zum Beispiel schnell in der Datenrecherche? Oder können Sie Sachverhalte zügig und anschaulich visualisieren? Oder fällt es Ihnen leicht, auf Menschen zuzugehen und Beziehungen aufzubauen?

Es folgen ein paar praktische Anregungen, wie mit kleinen Gesten große Wirkung beim Gegenüber erzeugen lässt:

- Eine Netzwerkpartnerin, die nebenberuflich als Trainerin arbeiten möchte, bekommt das Angebot, bei einer Veranstaltung zu hospitieren und so praktische Anregungen zu erhalten.
- Einer Beraterin, die gerne ein Buch schreiben möchte, jedoch den Einstieg nicht findet, wird die Chance eröffnet, in einer Publikation einen kleinen Beitrag zu schreiben, um ihre Schreibblockade zu überwinden.
- Der junge Chemikant, der immer kleingehalten wurde, wird von seiner neuen Chefin zum ersten Mal auf eine Veranstaltung mitgenommen, um mehr über die neuesten Erkenntnisse in seinem Fachgebiet zu erfahren.
- Der erfahrene Projektmanager hilft dem Vorsitzenden eines gemeinnützigen Vereins bei der Strukturierung der anstehenden Aufgaben.
- Der Mitarbeiter bei einem Fernsehsender nimmt den Sohn eines Netzwerkpartners zu einer Veranstaltung mit, damit dieser in Hinblick auf seine Berufswahl einen Einblick in die Arbeit hinter der Kamera bekommt.
- Eine Karriereberaterin gibt eine ihr zugesandte, kostenlose Eintrittskarte für eine Fachmesse an einen Kunden weiter.
- Eine Kollegin begleitet ihren schüchternen Kollegen zu einer Veranstaltung des Berufsverbands, da er allein nicht hingehen mag.
- Ein Kunde macht seinen Lieferanten darauf aufmerksam, dass ein Kollege im Nachbarbereich ebenfalls Bedarf an einem bestimmten Produkt hat, und stellt den Kontakt her.
- Eine Asylbewerberin engagiert sich im Verein für Flüchtlingshilfe ehrenamtlich als Dolmetscherin.
- Der junge Hochschulabsolvent hilft einer Nachbarin bei der Bedienung Ihres Smartphones.

Dies alles sind kleine Dinge, mit denen Sie andere sehr wirkungsvoll unterstützen können. Solche positiven Erfahrungen werden im Gedächtnis Ihrer Netzwerkpartner haften bleiben und das Bild prägen, das sie von Ihnen haben. Und wie der Zufall es will, ist die Nachbarin im letzten Beispiel vielleicht Personalreferentin und kann dem hilfsbereiten Absolventen einen wichtigen Kontakt für einen Einstiegsjob vermitteln.

Übung !

Gehen Sie zu Kapitel 1 zurück und schauen Sie sich noch einmal Ihre Kompetenzen näher an. Sie stellen den Dreh- und Angelpunkt dar, wenn es darum geht, Kontakte langfristig aufzubauen und zu pflegen. Je mehr Sie beim Networking einbringen, umso mehr werden Sie auch bekommen. Und je passgenauer Sie Ihre Unterstützung gestalten, desto höher ist der Nutzen für den anderen. Auch dazu ist es hilfreich zu wissen, was Ihre Netzwerkpartner brauchen.

Noch ein Wort zum Thema Erwartungen, denn sie sind das Grundübel beim Networking. Sie bewirken, dass eine Anspruchshaltung gegenüber anderen entsteht, und beruhen auf dem Gefühl, eine Gegenleistung für die eigene Leistung bekommen zu müssen. Werden diese Erwartungen nicht erfüllt, ist die betreffende Person enttäuscht. Letztendlich macht es sich derjenige, der Erwartungen aufbaut und Gegenleistungen einkalkuliert, nur selbst schwer. Positiver ist es doch, sich davon überraschen zu lassen, wenn etwas zurückkommt.

! **Tipp**

Falls Sie dauerhaft das Gefühl haben, dass Sie nur geben und sich Beziehungen im Ungleichgewicht befinden, denken Sie darüber nach, ob Sie im richtigen Netzwerk sind oder ob Sie es lieber verlassen wollen.

Werden die Erwartungen anderen gegenüber klar und deutlich geäußert, entsteht Druck. Wie reagieren Menschen darauf? In der Regel mit Gegendruck und Widerstand. Während freiwillig oft mit Freude gegeben wird, führen Forderungen zu Widerwillen und Trotzigkeit. Daher gilt: Wer anderen gegenüber eine Bitte oder einen Wunsch ausspricht, sollte dies ohne Erwartungshaltung tun. Eine höfliche Frage, die dem anderen das Ablehnen erlaubt, ohne ein schlechtes Gewissen haben zu müssen, hinterlässt kein schlechtes Gefühl – weder bei Ihrem Gegenüber noch bei Ihnen. Es geht also immer um die Haltung und den Ton. So gesehen brauchen Sie grundsätzlich keine Scheu zu haben, sich mit einer Anfrage an andere zu wenden. Gerade zurückhaltende Menschen bauen sich hier unnötigerweise Hürden auf. Dass Menschen sich oft selbst blockieren und sich im Kopfkino aus dem Nichts große Dramen entwickeln, zeigt die folgende Geschichte des Kommunikationswissenschaftlers Paul Watzlawick (aus »Anleitung zum Unglücklichsein«, © 1983 Piper Verlag GmbH, München):

»Ein Mann will ein Bild aufhängen. Den Nagel hat er, nicht aber den Hammer. Der Nachbar hat einen. Also beschließt unser Mann, hinüberzugehen und ihn auszuborgen. Doch da kommt ihm ein Zweifel: Was, wenn der Nachbar mir den Hammer nicht leihen will? Gestern schon grüßte er mich nur so flüchtig. Vielleicht war er in Eile. Vielleicht hat er die Eile nur vorgeschützt, und er hat was gegen mich. Und was? Ich habe ihm nichts getan; der bildet sich da etwas ein. Wenn jemand von mir ein Werkzeug borgen wollte, ich gäbe es ihm sofort. Und warum er nicht? Wie kann man einem Mitmenschen einen so einfachen Gefallen abschlagen? Leute wie dieser Kerl vergiften einem das Leben. Und dann bildet er sich noch ein, ich sei auf ihn angewiesen. Bloß weil er einen Hammer hat. Jetzt reicht's mir wirklich. – Und so stürmt er hinüber, läutet, der Nachbar öffnet, doch bevor er ›Guten Tag‹ sagen kann, schreit ihn unser Mann an: ‹Behalten Sie Ihren Hammer.'«

3.4.4 Erfolge gemeinsam feiern

Eine besonders schöne Art der Kontaktpflege ist das Feiern gemeinsamer Erfolge. In der Regel wird viel zu häufig nach dem Erreichen eines Ziels zur Tagesordnung übergegangen, sofort rücken die neuen anstehenden Aufgaben in den Vordergrund. Doch das Feiern hat mehrere wichtige Funktionen.

- Festigung des Zusammenhalts: Ob im Sport nach einem Sieg oder bei einem erfolgreich abgeschlossenen Projekt, der Satz »Wir haben es geschafft« bewirkt Zusammenhalt und lässt eine enormes Gemeinschaftsgefühls entstehen. Das wiederum verbindet und macht stark.
- Rechtfertigung der Anstrengung und Motivation: Der erreichte Erfolg zeigt, dass sich die Mühe und das Engagement gelohnt haben. Das motiviert, auch in der Zukunft wieder Energie für die gemeinsame Sache einzusetzen. Durch das Feiern wird dies allen deutlich ins Bewusstsein gerufen.
- Kraftquelle und Freude: Feiern heißt Freude zu empfinden. Wenn Menschen etwas gerne tun, schöpfen sie daraus enorme Kraft. Erfolg bewusst zu genießen bewirkt, dass der Körper Endorphine, also Glückshormone, ausschüttet. Wir fühlen uns gut und der Wunsch, diesen Zustand wieder zu erreichen, wirkt als Ansporn und macht uns glücklich.

Auch wenn auf den ersten Blick Sie allein einen Erfolg erzielt haben, werden Sie bei näherem Betrachten feststellen, dass in der Regel eine ganze Reihe von Menschen etwas dazu beigetragen hat. Indem Sie mit ihnen die Freude darüber teilen, zeigen Sie Wertschätzung und Anerkennung. Insbesondere wenn Sie sich öffentlich bei Ihren Mitstreitern bedanken und sie für ihre Leistungen loben, zeigen Sie, dass Sie ein guter Teamplayer sind. Fast jeder weiß es zu schätzen, wenn sein Engagement gesehen und belohnt wird. Und Sie können in der Regel davon ausgehen, dass Sie Menschen kennen, die auch zukünftig bereit sind, für Ihre Sache mitzukämpfen.

ARBEITSHILFE
ONLINE

Übung

Erinnern Sie sich an Erfolge in der Vergangenheit. Wer war daran beteiligt? Wie haben Sie gute Ergebnisse gefeiert? Welche Ideen haben Sie für die Zukunft, um die Kraft und das Gemeinschaftsgefühl noch mehr zu stärken? Wem wollen Sie noch für seine Unterstützung danken?

3.5 Alte Verbindungen neu beleben

Sicherlich kennen Sie diese Situation: Man hat gemeinsam eine Ausbildung durchlaufen, ein Projekt bearbeitet oder sich bei einer Tagung angeregt ausgetauscht. Ein toller Kontakt, die Chemie stimmte und große Versprechungen:

Wir bleiben in Kontakt. Wochen, Monate vergehen, der Alltag nimmt seinen Lauf und der Vorsatz, sich regelmäßig zu treffen, ist dahin. In vielen Fällen bleibt es dabei, die Kontakte verlieren sich. Vielleicht haben die Beteiligten andere Prioritäten, der Kontakt war für sie doch nicht so spannend, dass sie daran anknüpfen wollen, oder es hat sich ganz einfach kein konkreter Anlass ergeben.

Seien Sie in solchen Situationen nicht zu kritisch mit sich selbst. Nicht jeder Kontakt entwickelt sich zu einem dauerhaften Netzwerkpartner. Auch hier gilt es, Prioritäten zu setzen und die eigenen Ressourcen im Auge zu behalten. Und: Wird ein Kontakt nicht fortgeführt, liegt dies in der Verantwortung beider Seiten.

Aber was ist, wenn Sie immer mal wieder an einen bestimmten Kollegen, Gesprächspartner, Konferenzteilnehmer denken, weil Ihnen der Kontakt im Nachhinein wichtig erscheint. Und plötzlich der Gedanke aufkommt: Kam der nicht aus Köln? Dort bin ich doch übernächste Woche auf Dienstreise? Sie verspüren Lust, die Gelegenheit zu nutzen und den Kontakt wieder aufzugreifen. Die erste Hürde: Haben Sie noch die Kontaktdaten?

3.5.1   Menschen wiederfinden

Wie beim Kontakteknüpfen gezeigt, macht es Sinn, gut organisiert zu sein und Informationen über Menschen zu speichern. Davon können Sie nun profitieren. Eine Verbindung über die sozialen Netzwerke ist hier Gold wert, da sich darüber sehr einfach ein Kontakt wiederfinden lässt – und zwar mit den aktuellen Daten. Namen vergessen? Kein Problem. Sofern Sie andere Parameter wie Standort oder Arbeitgeber kennen, können Sie in Ihren Kontakten danach suchen. Hier zahlt es sich aus, wenn Sie zusätzliche »Merker« notiert haben, die Ihnen bei der Suche helfen, zum Beispiel geboren in Griechenland, Praktikum bei BMW oder Taucher.

Falls Sie den betreffenden Kontakt nicht gespeichert haben, stehen viele Recherchemöglichkeiten offen. Nutzen Sie zum Beispiel Telefonauskünfte wie www.dastelefonbuch.de, eine Google-Recherche, spezielle Recherchen, etwa nach ehemaligen Klassenkameraden über www.stayfriends.de, die Personensuche nach Branchen oder Dienstleistungen über www.yasni.de oder über die sozialen Netzwerke wie Facebook, LinkedIn oder Xing. Alternativ bietet es sich an, bei einem Dritten, der Sie zum Beispiel mit der gesuchten Person bekannt gemacht hat, nachzufragen, ob er Ihnen die Kontaktdaten geben kann.

3.5.2 Ansatzpunkte für die Wiederannäherung

Wenn Sie einen Kontakt wiedergefunden haben, gehen Sie ganz direkt auf diesen Menschen zu. In dem genannten Beispiel – ein Besuch in Köln, also am Standort des Gesprächspartners, steht an – ist es ganz einfach, mit einem Anruf einzusteigen: »Hallo, Herr Weber, mein Name ist Thomas Frey. Erinnern Sie sich noch? Wir haben uns auf der Tagung der GDCh im Juni kennengelernt und uns über das Thema Oberflächenbeschichtungen sehr angeregt unterhalten. Ich bin der Friese, den es ganz in den Süden Deutschlands verschlagen hat. (Pause.) Gerne denke ich an unser Gespräch und wir hatten ja ausgemacht, dass wir in Verbindung bleiben wollen. Jetzt führt mich eine Dienstreise nach Köln und da dachte ich natürlich gleich an Sie. Hätten Sie Interesse, dass wir uns treffen? Ich kann am 15.10. oder 16.10. abends.«

Auch hier gilt: Geben Sie Ihrem Gesprächspartner eine kleine Hilfestellung, damit er sich leichter an Sie erinnert. Und: Machen Sie eine kurze Pause, so hat Ihr Gesprächspartner Zeit nachzudenken. Schließlich erreicht Ihr Anruf ihn ja überraschend. Alternativ können Sie in dieser Situation zunächst eine schriftliche Mitteilung schicken und darin gegebenenfalls Ihren Anruf ankündigen: »… Morgen versuche ich, Sie telefonisch zu erreichen, freue mich jedoch auch über eine kurze Nachricht von Ihnen …«

Gibt es keinen konkreten Anlass, greifen Sie eine Gemeinsamkeit auf oder sagen ganz einfach, dass Sie gerade in einem bestimmten Zusammenhang an die Person gedacht haben. Steigen Sie aber bei einem solchen Kontakt, der nicht sehr intensiv ist oder schon lange ruht, nicht gleich mit einer konkreten Bitte ein. Das wirkt plump.

> **Übung**
>
> Gibt es Personen, die Sie vor kurzer Zeit kennengelernt haben und gerne wiedersehen würden? Finden Sie die entsprechenden Kontaktdaten heraus, falls Sie sie nicht sowieso gespeichert haben, und planen Sie konkret ein Treffen.

!

Wenn der letzte Kontakt noch nicht allzu lange zurückliegt, ist es in der Regel unproblematisch, sich wieder in Verbindung zu setzen. Doch was tun, wenn Sie Jahre haben verstreichen lassen und jetzt an den Kontakt von damals anknüpfen möchten?

Hierzu ein Beispiel aus der Praxis, wie es gerade bei Berufsstartern häufig anzutreffen ist.

> **!** **Beispiel**
>
> Sandra Weber hat ein Praktikum absolviert und während dieser Zeit einen angenehmen Kontakt zu ihrem Chef und den Kollegen aufgebaut. Sie hat gute Arbeit geleistet und beide Seiten waren durchaus interessiert daran, in Verbindung zu bleiben. Seitdem sind drei Jahre vergangen. Jetzt steht Sandra kurz vor ihrem Studienabschluss und würde sehr gerne den Kontakt wieder aufgreifen, auch in Hinblick auf eine erste Arbeitsstelle. Sie hat ein schlechtes Gewissen, weil sie nie aktiv geworden ist, und sie fühlt sich etwas unwohl, gleich mit einer Bitte einzusteigen. Sich ewig nicht zu melden und dann einen Job zu wollen, das fühlt sich für sie nicht gut an.
>
> Was kann Sandra Weber in dieser Situation tun? Sie könnte ihren alten Chef anrufen: »Guten Tag, Herr Hufnagel, erinnern Sie sich noch an mich? Mein Name ist Sandra Weber, ich hatte bei Ihnen im Rahmen meines Studiums vor drei Jahren ein Praktikum gemacht und war im Projekt QS für Weaver tätig. Sie nannten mich die ‹praxistaugliche Physikerin›. Darf ich Sie kurz sprechen? (Pause.) Ja, ich stehe kurz vor meinem Masterabschluss und denke gerne an die Zeit in Ihrer Abteilung zurück. Sie haben mir damals wichtige Impulse gegeben. Mir ist erst jetzt, als ich die Studienzeit in Gedanken durchgegangen bin, so richtig bewusst geworden, wie hilfreich Ihre Hinweise für meine weitere Studienausrichtung waren. Dafür nochmals besten Dank. Momentan stelle ich meine Bewerbungsunterlagen zusammen und möchte Referenzen von Menschen mit aufnehmen, die mich in der praktischen Arbeit erlebt haben. Da mir Ihre Meinung sehr wichtig ist, wollte ich Sie fragen, ob Sie im Bedarfsfall als Referenzgeber zur Verfügung stehen?«
>
> Sandra Weber vermittelt Ihrem ehemaligen Chef Wertschätzung und signalisiert, dass ihr seine Meinung wichtig ist. Ohne eine Erwartungshaltung im Hinblick auf einen Job aufzubauen, signalisiert sie, dass sie sich auf Stellensuche befindet. Sofern Herr Hufnagel Interesse hat, kann er diesen Ball aufgreifen. In jedem Fall ist ein zusätzlicher Referenzgeber in der Bewerbungsphase enorm hilfreich. Der Anruf mit der entsprechenden Anfrage hat deshalb keine Alibifunktion, sondern ist zielgerichtet und ernst gemeint.

Es folgen noch ein paar Anregungen, wie sich die oft peinliche Situation, sich nach langer Zeit wieder bei jemandem zu melden, etwas geschmeidiger angehen lässt:

- Gemeinsame Erinnerungen: »Habe gerade Fotos, den Projektplan, ein Werbedisplay oder Ähnliches von damals gefunden und denke gerne an die Zeit zurück. Das war der Anlass, warum ich mich nun spontan melde ...«
- Kontakt zu einem gemeinsamen Bekannten: »Gestern habe ich Peter getroffen. Wir haben über die guten alten Zeiten geredet und da sind wir natürlich auch auf Dich gekommen. Wollte mal hören, wie es Dir geht ...«

- Gemeinsamer Aufenthalt an einem Ort: »Letzte Woche war ich beruflich in Karlsruhe. Da musste ich an die erste Podiumsdiskussion denken, an der ich als junger Absolvent teilgenommen habe. Sie waren damals wie ich Debütant, das hat uns verbunden und gestärkt. Daran musste ich denken. Wir haben uns ganz aus den Augen verloren und es würde mich einfach interessieren, wie sich Ihr Weg weiterentwickelt hat.«
- Weiterentwicklung einer gemeinsamen Sache: »Vor drei Jahren war ich als Consultant bei Ihnen im Unternehmen und habe das Projekt Digitalisierung in der Produktionsplanung begleitet. Wir hatten ja ein halbes Jahr nach Einführung nochmals telefoniert. Nun wollte ich mit etwas zeitlichem Abstand mal nachhören, wie sich die Realisierung in der Praxis bewährt hat und wie es weitergegangen ist.«
- Rat von einem Experten: »Sie hatten damals erwähnt, dass Sie seit Jahren ein Motorhome besitzen und damit viel unterwegs sind. Ich habe im letzten Sommerurlaub ein Wohnmobil gemietet und Spaß an dieser Art Urlaub gefunden. Ich habe mich an Ihre Erzählungen erinnert und wollte auf Ihre langjährige Erfahrung und Expertise gerne zurückgreifen. Worauf sollte ich denn beim Kauf besonders achten?«
- Etwas über die Person gelesen oder gehört: »Vor drei Wochen, vor dem Abflug nach Shanghai, habe ich in der ›Süddeutschen‹ einen spannenden Artikel über Cyberkriminalität gelesen und mit Freude gesehen, dass Sie der Autor sind. Herzlichen Glückwunsch! Toll, dass Sie sich auf diesem Gebiet einen solchen Namen gemacht haben. (Bei der Bezugnahme auf tagesaktuelle Publikationen kann es sinnvoll sein, nicht unmittelbar zu reagieren, da die Autoren häufig nach einer Veröffentlichung von vielen Menschen angesprochen werden. Es empfiehlt sich, etwas Zeit verstreichen zu lassen.)
- Eine persönliche oder berufliche Veränderung: Wenn Sie gerade einen Job- oder Branchenwechsel vollzogen haben, kann das ein guter Anlass sein, wieder mit Menschen in Kontakt zu treten. Besonders dann, wenn sich dadurch neue oder zusätzliche Anknüpfungspunkte mit einer bestimmten Person ergeben. »Seit 1.8. bin ich bei der Toplis AG im Bereich Nachhaltigkeit tätig. Mein Arbeitgeber hat mich in den Arbeitskreis regenerative Energien als Unternehmensvertreter entsandt. Auf der Mitgliederliste habe ich Ihren Namen gesehen und mich gefreut, dass sich unsere Wege nun wieder kreuzen.«

Gut geeignet als Aufhänger ist auch eine eigene Aktivität, die mit der Kontaktaufnahme einhergeht. Wenn Sie beispielsweise ein Ehemaligentreffen planen, etwa mit Menschen aus der Schulzeit, dem Studium oder einer Weiterbildung, und dafür auf andere zugehen, wird Ihr Engagement in der Regel sehr positiv honoriert, selbst wenn der letzte Kontakt sehr lange zurückliegt. Für ein solches Treffen ist es übrigens nie zu spät, ergreifen Sie einfach die Initiative.

Schwieriger gestaltet sich die Situation, wenn ein Kontakt wegen einer Auseinandersetzung oder Meinungsverschiedenheit längere Zeit auf Eis lag. Wenn es sich um einen von Ihnen geschätzten Menschen handelt und Sie den Wunsch haben, wieder ins Gespräch zu kommen, springen Sie über Ihren Schatten. Mit dem guten Willen zur Versöhnung und der Bereitschaft, den ersten Schritt zu tun, zeigen Sie Größe. Wählen Sie hier die schriftliche Kontaktaufnahme. So lassen Sie dem anderen die Freiheit zu entscheiden, ob er auch eine Annäherung möchte, und geben ihm nicht das Gefühl, bedrängt zu werden: »Jetzt ist es fünf Jahre her, dass wir uns aus den Augen verloren haben. Hoffe, es geht Dir gut. Eigentlich schade, dass wir wegen dieser blöden Meinungsverschiedenheit den langjährigen Kontakt abbrechen ließen. Ich fände es schön, wenn wir die nächsten Tage mal telefonieren. Wenn Du auch daran interessiert bist, sag mir doch bitte kurz Bescheid, wann ich Dich am besten erreichen kann.«

> **!** **Übung**
>
> Denken Sie darüber nach, mit wem Sie gerne nach längerer Zeit wieder Kontakt aufnehmen würden. Welche Anknüpfungspunkte gibt es? Überlegen Sie sich eine Strategie und gehen Sie damit auf den betreffenden Menschen zu.

Dass es nicht die beste aller Strategien ist, nach einer langen Sendepause direkt mit einer Bitte auf jemanden zuzugehen, wissen Sie bereits. Doch keine Regel ohne Ausnahme. Die folgende E-Mail erhielt ich vor Kurzem von einer ehemaligen Coaching-Teilnehmerin. **Karin Sprehe** hat mir netterweise erlaubt, ihre Nachricht zu verwenden.

> **!** **Beispiel**
>
> Liebe Frau Brenner,
> es ist inzwischen sechs Jahre her, dass ich bei Ihnen ein Bewerbungs-Coaching gemacht habe. Das und auch Sie persönlich habe ich in sehr guter Erinnerung. Sie haben mir damals gesagt, dass es gut ist, seine Kontakte zu nutzen und Networking zu betreiben. Nun wage ich das auch in Bezug auf Sie mit einem privaten Anliegen: Meine Schwester hat eine acht Jahre alte Tochter, die mehrfach schwerstbehindert ist und auch nicht sprechen kann. Sie brauchen dringend Unterstützung, da sie ein rollstuhlgerechtes Auto brauchen, was sie aus eigenen Mitteln nicht bezahlen können. Seit fast zwei Jahren sind sie fast schon vom sozialen Leben außerhalb des Hauses abgeschnitten.
> Vielleicht können Sie uns unterstützen oder kennen Personen an die Sie diese Mail weiterleiten können? Wir sind für jeden – auch kleinen – Spendenbetrag sehr dankbar und man kann auch eine Spendenquittung erhalten.
> Hier der Link mit Infos: www.amelie-wundertuete.de.
> Ich danke Ihnen von ganzem Herzen!!!!

Ich hoffe, es geht Ihnen gut?

Liebe Grüße

Karin Sprehe

PS: Vielleicht freut es Sie zu hören, dass ich mich entschieden habe, einen neuen beruflichen Weg einzuschlagen, und nun eine Ausbildung zur Individualpsychologischen Beraterin mache. :-)

Mich hat diese E-Mail sehr berührt und ich habe mir den genannten Link angesehen. Letztendlich gaben drei Dinge den Ausschlag, warum mich diese Kontaktaufnahme nach längerer Zeit positiv erreichte:

- Die E-Mail wirkte auf mich ehrlich und von dem tiefen Wunsch geprägt, helfen zu wollen. Ich hatte nicht den Eindruck, dass sie in erster Linie geschrieben worden war, um durch die Hintertür wieder mit mir in Kontakt zu kommen.
- Die Anfrage war wertschätzend formuliert und es wurde kein Druck ausgeübt. Es war für mich spürbar, dass es Karin Sprehe Überwindung gekostet hat, mir diese E-Mail zu schreiben. Ich habe mich darüber gefreut, dass sie in die Tat umsetzte, was wir im Coaching zum Thema Networking besprochen hatten.
- Die Art und Weise, wie Karin Sprehe ihre Schwester und deren behinderte Tochter mit dem Blog unterstützt, fand ich hoch professionell. Ich hatte Respekt vor diesem Engagement, konnte mich mit der Sache identifizieren und empfand es als förderungswürdig.

Wenn auch Sie glaubwürdig und authentisch hinter einer Sache stehen, trauen Sie sich, dafür Ihr Netzwerk zu nutzen.

4 Sichere Navigation: Umgang mit Menschen im Joballtag

Sie haben zwischenzeitlich einige Techniken kennengelernt, um sich auf der Networking-Tour sicher zu bewegen.

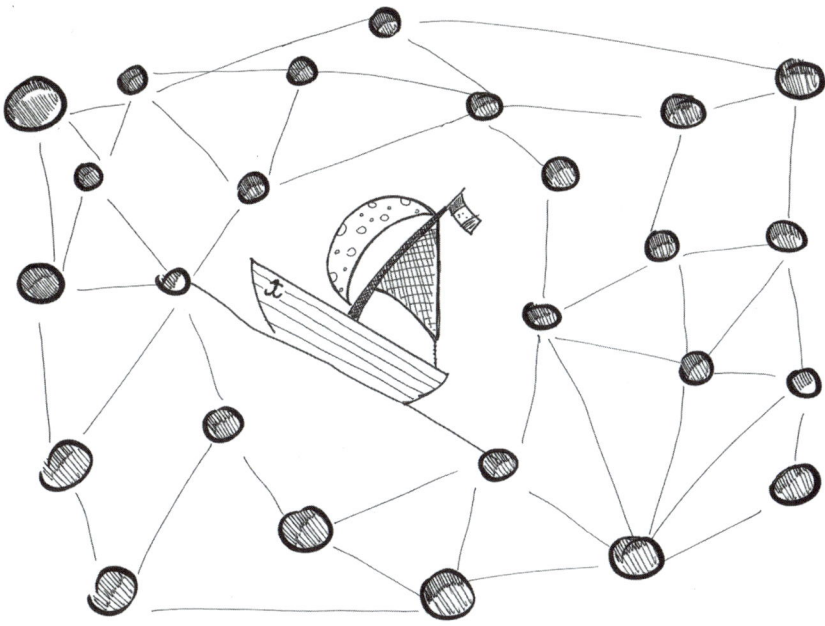

Vier berufliche Standardsituationen sowie grundlegende Hilfestellungen zum Umgang mit kritischen Situationen sollen an dieser Stelle noch etwas genauer behandelt werden, da sie für die berufliche Positionierung und Weiterentwicklung hohe Relevanz haben.

4.1 Auf Jobsuche oder wie werde ich weiterempfohlen?

Vor allem wenn es darum geht, einen neuen Job finden zu wollen oder auch finden zu müssen, kommt das Thema Networking ins Spiel. Trotz einer wahren Flut an Jobportalen und Online-Angeboten wird ein überwiegender Teil der Stellen über den sogenannten verdeckten Arbeitsmarkt vergeben.

4.1.1 Gemeinsame Erfahrungen und Empfehlungen

Es ist Fakt: Kontakte und Empfehlungen spielen eine wichtige Rolle bei der Auswahl von Kandidaten. Was sich für viele zunächst eher negativ nach Vitamin B anhört und unfaire Mauschelei vermuten lässt, kann aus der Perspektive eines Arbeitgebers sehr anschaulich und nachvollziehbar erklärt werden. Die Rekrutierung eines neuen Mitarbeiters stellt für den Arbeitgeber schließlich ein nicht zu unterschätzendes Risiko dar.

! **Beispiel**

Frau Hertwig ist Abteilungsleiterin in einem mittelständischen Unternehmen mit einer 500-köpfigen Belegschaft. Sie ist für die Logistik zuständig und Vorgesetzte von sechs Mitarbeitern. Das Unternehmen expandiert stark, mehr und mehr lässt sich die anfallende Arbeit nicht mehr mit dem vorhandenen Team bewältigen. Täglich beklagen sich die Mitarbeiter, dass die Überstunden gar nicht mehr abgebaut werden können und alle am Anschlag sind. Frau Hertwig und ihr Team haben schon zahlreiche Prozessoptimierungen vorgenommen, doch irgendwann geht einfach nicht noch mehr. So spricht Frau Hertwig ihren Chef, den kaufmännischen Leiter, auf die Situation an. Nach längeren Diskussionen erreicht sie, dass sie eine zusätzliche Person einstellen kann. So macht sie sich an die Stellenbeschreibung, die sowohl fachliche als auch persönliche Anforderungskriterien umfasst.

Was wäre das Schlimmste, was Frau Hertwig bei der Suche nach einem neuen Mitarbeiter passieren kann? Dass sie niemanden findet? Weit schlimmer wäre, wenn sie jemanden einstellt, der entweder fachlich oder menschlich – oder gar in jeder Hinsicht – nicht passt. Sie finden, dass dafür ja die Probezeit da ist, nach der man sich gegebenenfalls von dem Mitarbeiter wieder trennen kann? Rein rechtlich ist das absolut richtig. Ein Arbeitgeber kann ein Arbeitsverhältnis in den ersten sechs Monaten ohne Angabe von Gründen kündigen. Da kann selbst der Betriebsrat nichts machen.

Eine Kündigung ist aber mit vielen unangenehmen Begleiterscheinungen verbunden. Zunächst muss Frau Hertwig mit dem Mitarbeiter ein Gespräch führen und ihm mitteilen, dass er entlassen wird. Einem anderen Menschen zu sagen, dass man ihm den Boden unter den Füßen wegzieht, klingt einfacher, als es ist. Das fällt vielen Führungskräften schwer. Zudem muss Frau Hertwig noch einmal auf ihren Chef zugehen und ihm die Situation erklären. Die Arbeitsbelastung hat ja in dieser Zeit nicht nachgelassen, sie möchte die Stelle weiterhin neu besetzen und braucht dazu wieder die Genehmigung ihres Chefs. Ein solches Gespräch verläuft in der Regel nicht angenehm, denn Frau Hertwig kommt leicht in eine Rechtfertigungsposition. Sie muss erklären, was bei der Personalauswahl schiefgegangen ist. Und wird gefragt, wie sich sicherstellen lässt, dass es beim nächsten Mal besser ausgeht. Oft gerät eine Führungskraft dadurch in die Situation, dass sie und ihre Arbeit kritisch hinterfragt werden. Kann sie ihrem Job, ein leistungsstarkes Team auszuwählen und zu führen, überhaupt gerecht werden?

Das Gespräch mit dem Team wird ebenfalls nicht gerade erfreulich werden, wenn sich herausstellt, dass es nun die gesamte anfallende Arbeit wieder allein erledigen muss. Auch die Einarbeitung des neuen Mitarbeiters, die viel Energie und Einsatz gefordert hat, war umsonst. Dazu die vielen Diskussionen, die schlechte Stimmung im Team und die Aussicht, nach Monaten des Suchens wieder Mehraufwand durch die Einarbeitung eines neuen Kollegen zu haben. Möglicherweise beschweren sich Kunden, weil der neue Ansprechpartner schon wieder weg ist und erneut nur vertretungsweise eine Betreuung erfolgt. Der Controller rechnet Frau Hertwig zudem vor, wie viel Geld der misslungene Einstellungsprozess gekostet hat und, und, und. Für Frau Hertwig bedeutet diese Situation Stress pur und sicherlich wird sie mit einer hohen Anspannung in das neue Auswahlverfahren gehen. Noch einen Flop kann sie sich nicht leisten.

Schauen wir also vor diesem Hintergrund einmal näher an, wie Arbeitgeber am liebsten neue Stellen besetzen (Abbildung in Anlehnung an Richard Bolles: Durchstarten zum Traumjob, Campus Verlag, Frankfurt 2012, Seite 77).

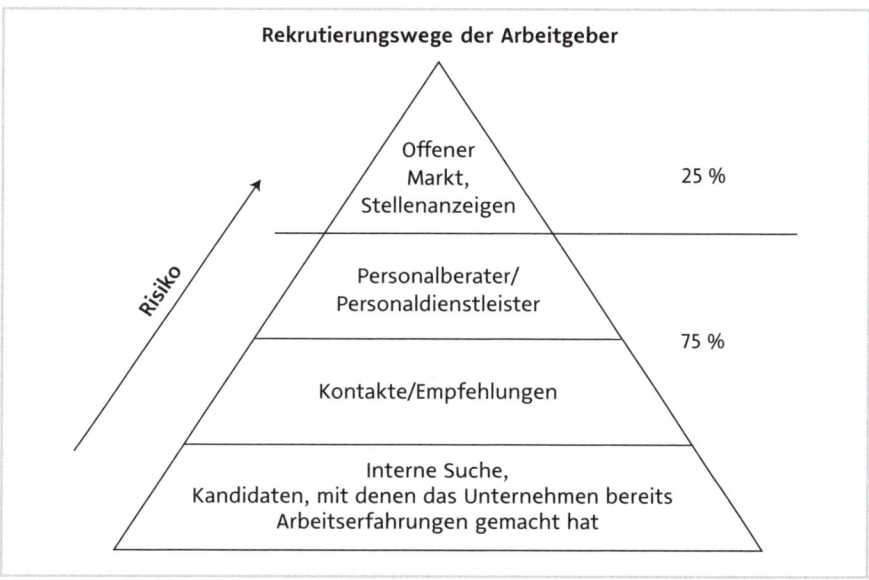

Aus Sicht des Unternehmens bedeuten Kandidaten, mit denen sie schon Erfahrung in der realen Arbeitsumgebung sammeln konnten, das geringste Risiko. Für Frau Hertwig wäre das zum Beispiel ein Mitarbeiter aus der Nachbarabteilung im eigenen Unternehmen, mit dem sie bereits zusammengearbeitet hat, oder auch ein Auszubildender. Doch nicht nur angestellte Mitarbeiter des Unternehmens kommen infrage, sondern auch Praktikanten, freie Mitarbeiter, Dienstleister, Werkstudenten, Lieferanten, Kunden, Mitarbeiter, die über die Arbeitnehmerüberlassung (Zeitarbeit) im Unternehmen tätig waren, frühere

Kollegen, ehemalige Mitarbeiter oder Kommilitonen aus der Studienzeit, mit denen sie in Projekten gearbeitet hat. Auch wenn diese Menschen aktuell nicht im Unternehmen angestellt sind, gibt es doch gemeinsame Arbeitserfahrungen. Man kennt sich, weiß, wie der andere tickt und wie man miteinander klarkommt.

ARBEITSHILFE
ONLINE

Übung

Stellen Sie eine Liste der Menschen und Organisationen zusammen, mit denen Sie als »Interner« zu tun hatten. Notieren Sie auch die Arbeitgeber, bei denen Sie während einer direkten Zusammenarbeit für sich punkten konnten. Wenn Sie hier ansetzen, bieten sich die besten Chancen, da Sie persönlich bekannt sind und zur Gruppe der Kandidaten mit dem geringsten Risiko gehören.

Auf der nächsten Ebene finden sich die Kontakte und Empfehlungen. Das ist für Frau Hertwig interessant, wenn sie nicht auf eigene Erfahrungen mit einem Bewerber zurückgreifen kann. Vielleicht kennt sie jemanden, der einen passenden Kandidaten kennt und ihr empfiehlt. Das Risiko, über Empfehlungen zu gehen, ist umso geringer, je vertrauensvoller der Kontakt zwischen Frau Hertwig und dem Empfehlenden ist.

Auf wessen Empfehlung könnte sich Frau Hertwig besonders verlassen? Ganz oben auf der Rangliste stehen sicher die eigenen Mitarbeiter aus der Abteilung. Sie kennen schließlich den Job und die damit verbundenen Anforderungen sowie den potenziellen Mitarbeiter und seine Fähigkeiten. Und was noch wichtiger ist: Sie müssten mit dem Neuen zukünftig zusammenarbeiten. Niemanden holt sich einen Kollegen, von dem er nichts hält, in die Abteilung!

Das überzeugendste Argument ist allerdings, dass sich der Mitarbeiter mit seiner Empfehlung quasi hinter den Kandidaten stellt. Sollte sich herausstellen, dass der Neue den Erwartungen nicht gerecht wird, fällt das auf denjenigen zurück, der die Empfehlung ausgesprochen hat. Das Auswahlgitter der Mitarbeiter ist damit sehr feinmaschig, durch diesen Filter werden nur passende Kandidaten kommen. Das wissen die Unternehmen. Häufig setzen sie gezielt auf diesen Rekrutierungsweg, indem sie sogenannte Kopfgeldprämien aussetzen, um ihre Mitarbeiter zu Vorschlägen zu animieren. Viele Firmen zahlen mehrere tausend Euro, wenn sich tatsächlich eine Einstellung ergibt. Selbst eine hohe Prämie wird nicht dazu führen, dass Mitarbeiter ehemalige Kollegen oder Kommilitonen empfehlen, hinter denen sie nicht wirklich stehen – denn dann müssten sie ja mit diesen arbeiten und für die Empfehlung geradestehen.

Empfehlungen sind immer ein Vertrauensvorschuss für Bewerber. Und den haben sie sich in der Regel selbst erarbeitet, indem sie gute Leistungen, Zuverlässigkeit, Einsatzbereitschaft oder faires Verhalten in unterschiedlichen Situationen gezeigt haben. Das bedeutet, dass sich niemand dafür zu schämen braucht, dass er weiterempfohlen wird – auch Sie nicht. Empfehlungen sind vielmehr das Ergebnis Ihres bisherigen Verhaltens, Sie haben sie sich selbst erarbeitet. Sie werden nur weiterempfohlen, weil Sie gut sind und andere das erlebt haben.

Anders kann es sein, wenn eine Empfehlung aufgrund einer engen persönlichen Beziehung ausgesprochen wird. Hier wird ein Bewerber nicht immer deshalb empfohlen, weil er durch sein bisheriges Verhalten und die mit ihm gemachten Erfahrungen überzeugt hat. Bisweilen werden Kontakte auch aus Liebe, Fürsorge oder Eigeninteressen genutzt, um jemanden zu unterstützen oder an eine bestimmte Stelle zu bringen. Der einflussreiche Vater, der seine Kontakte spielen lässt, mag zwar bisweilen Türen öffnen, doch auf Dauer ist dies für alle Beteiligten kritisch zu sehen.

Falls Sie hier auf neue Gedanken gestoßen sind: Überdenken Sie Ihre Einstellung zu Empfehlungen. Freuen Sie sich darüber, wenn Sie sich mit Ihrem bisherigen Verhalten eine solide Basis an Menschen aufgebaut haben, die Sie guten Gewissens gerne weiterempfehlen.

> **Übung**   **!**
>
> Nehmen Sie noch einmal die Liste Ihrer Kontakte zur Hand, die Sie im Verlauf von Kapitel 1 erstellt haben. Welche der Personen darauf können Ihnen behilflich sein und Sie weiterempfehlen?

Empfehlungen sind übrigens nicht nur bei der Jobsuche absolut üblich, um das eigene Risiko zu reduzieren. Wie haben Sie nach einem Umzug am neuen Wohnort einen Zahnarzt gesucht? Übers Branchenbuch, im Internet oder doch, indem Sie Kollegen oder Bekannte gefragt haben, wo sie hingehen und ob sie zufrieden sind? Das Gleiche gilt für viele Situationen, die im Alltag auftauchen und meist kritisch sind: Wo finden Sie den richtigen Handwerker, Karriereberater oder Rechtsanwalt? Die persönliche Erfahrung, die Menschen aus dem eigenen Umfeld gemacht haben, steht ganz oben auf der Skala, wenn es um Verlässlichkeit geht.

Da Kontakte und Empfehlungen gerade bei der Stellensuche eine so große Rolle spielen, sollten Sie Ihr Augenmerk darauf richten, gezielt neue Kontakte aufzubauen. Viele Möglichkeiten, wie Networking ablaufen kann, haben Sie schon in Kapitel 2 kennengelernt. Im Folgenden finden Sie einen Überblick mit Anregungen, wie sich speziell bei der Jobsuche Kontakt zu Arbeitgebern herstellen lässt.

4.1.2 Kontaktanbahnung auf Messen

Wenn Sie auf direktem, persönlichem Wege einen Kontakt zu Unternehmen aufbauen möchten, bieten sich besonders Hochschulkontakt- oder Rekrutierungsmessen an. In Kapitel 2 kam dazu bereits Tara Nowak zu Wort und berichtete über die konaktiva, eine solche Hochschulkontaktmesse. An dieser Stelle finden Sie eine Checkliste, die Ihnen bei der Vorbereitung auf einen Messebesuch mit dem Ziel Bewerbung Unterstützung gibt.

ARBEITSHILFE
ONLINE

Checkliste: Bewerben auf Messen

- Informieren Sie sich im Vorfeld der Messe über die ausstellenden Unternehmen.
- Machen Sie sich einen Plan, mit welchen Unternehmen Sie ins Gespräch kommen möchten, und notieren Sie, ob Sie gegebenenfalls einen Aufhänger haben. Reservieren Sie sich Freiräume für Spontankontakte.
- Einen Arbeitgeber interessiert allein das, was Sie ihm als Bewerber zu bieten haben. Nur wenn Sie Ihre eigenen Fähigkeiten kennen, können Sie diese einem potenziellen Arbeitgeber richtig präsentieren.
- Belegen Sie Ihre Kompetenzen mit Beispielen, die zeigen, dass Sie diese Fähigkeiten auch tatsächlich besitzen und in der Vergangenheit schon genutzt haben.
- Zeigen Sie Handlungskompetenz, indem Sie einem potenziellen Arbeitgeber glaubhaft machen, dass Sie nicht nur Qualifikationen besitzen, sondern diese auch einsetzen wollen, um die Unternehmensziele zu erreichen.

- Bereiten Sie für Ihren Messebesuch ein Profil vor, das Sie in ausreichender Stückzahl zur Veranstaltung mitnehmen. Die erforderlichen Inhalte:
  - Persönliche Daten und Kontaktadresse,
  - Ihren (voraussichtlichen) Abschluss,
  - Schwerpunkte und erste Praxiserfahrung,
  - Zusatzqualifikationen (Fremdsprachen, IT-Kenntnisse, Methodenkompetenz),
  - bevorzugte Arbeitsgebiete und Ihre diesbezüglichen Kompetenzen,
  - voraussichtlicher frühester Eintrittstermin.
  - Nutzen Sie den Messebesuch, um persönliche Kontakte zu Unternehmensvertretern zu bekommen. Sammeln Sie Visitenkarten für die spätere Kontaktaufnahme.
- Denken Sie daran: Bewerben heißt Werbung in eigener Sache. Stehen Sie zu Ihren Erfolgen und zu Ihren Fähigkeiten.

4.1.3 Personalberater und Personaldienstleister

Denken Sie noch einmal an die bevorzugten Rekrutierungswege der Arbeitgeber zurück: Viele nehmen die kommerzielle Hilfe von Personalberatern oder Personaldienstleistern in Anspruch, um eine Arbeitsentlastung und gleichzeitig eine Reduzierung des Risikos zu erreichen. Während Personalberater ähnlich wie Makler eine Vorauswahl treffen und Kandidaten präsentieren, bieten Personaldienstleister interessante zusätzliche Optionen an. Was hätte beispielsweise Frau Hertwig, die bei der ersten Stellenbesetzung so eine Pleite erlebt hat, davon? Sie will diesmal wahrlich auf Nummer sicher gehen. Ein Personaldienstleister, der gleichzeitig eine Zulassung für die Arbeitnehmerüberlassung hat, kann ihr neben der reinen Vermittlung von Kandidaten anbieten, dass sie einen neuen Mitarbeiter zunächst gar nicht selbst einstellen muss. Das übernimmt er selbst und setzt den Mitarbeiter dann im Unternehmen ein.

So reicht es, wenn Frau Hertwig zunächst ein Budget, aber keine Stelle genehmigt bekommt. Das Unternehmen begründet ja kein neues Arbeitsverhältnis, stattdessen entstehen Kosten für die Leistung der Zeitarbeitsfirma. Arbeitet der eingesetzte Mitarbeiter nicht zur Zufriedenheit, muss Frau Hertwig kein unangenehmes Trennungsgespräch führen. Sie teilt dem Personaldienstleister nur mit, dass sie den entsprechenden Vertrag nicht verlängern möchte. Auch die anderen Mitarbeiter erkennen, dass der ausgeliehene Mitarbeiter zunächst zur Überbrückung da ist. Stellt sich heraus, dass er gut ins Team passt und zufriedenstellend arbeitet, kann er fließend in eine Festanstellung wechseln. Dieses »try and hire« ist für Frau Hertwig mit einem wesentlich kleineren Risiko verbunden als eine neuerliche eigene Suche mit den bekannten Fallstricken. Dies ist nicht zuletzt der Grund, warum mittlerweile viele Unternehmen – auch im akademischen Bereich – freie Stellen gerne über Personaldienstleister besetzen.

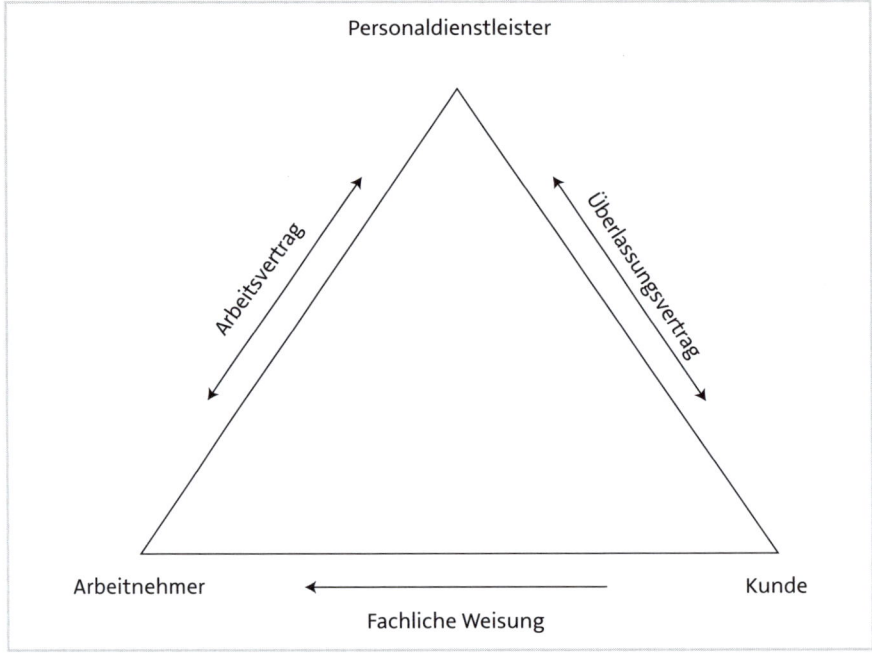

Für den Mitarbeiter hat dieses Konstrukt ebenfalls Vorteile. Erweisen sich seine Ergebnisse als nicht zufriedenstellend, wird er nicht unmittelbar entlassen, sondern kann vom Dienstleister in einem anderen Kundenprojekt eingesetzt werden. Außerdem gilt: Anpassungsklauseln in den Tarifverträgen für Zeitarbeit sorgen dafür, dass die Gehälter der Zeitarbeitnehmer mit zunehmender Einsatzdauer immer mehr an die Einkommen der festangestellten Mitarbeiter im Unternehmen angepasst werden.

4.1.4 Risiko am offenen Markt

Der in der Pyramide ganz oben befindliche Bereich, die Suche auf dem offenen Markt, bedeutet volles Risiko, da der Kandidat dem Unternehmen nicht bekannt ist. Eine Entscheidung auf Basis von Bewerbungsunterlagen und Vorstellungsgespräch ist, wie bei Frau Hertwig gesehen, oft nicht wirklich verlässlich. In der Praxis werden rund 75 Prozent aller Vakanzen nicht über den offenen Markt, sondern über die in der Pyramide darunterstehenden Wege besetzt. Das bedeutet nicht, dass nur 25 Prozent aller Stellen ausgeschrieben werden, oft sind die passenden Kandidaten jedoch schon vorab identifiziert. In solchen Fällen werden die Stellenausschreibungen ganz speziell auf das Profil dieser Bewerber zugeschnitten. Und auch wenn eine Stellenausschreibung mit der Absicht platziert wird, einen passenden Mitarbeiter zu finden, kommen häufig während des Auswahlprozesses über Kontakte Kandidaten ins Gespräch, die am Ende wegen des geringeren Risikos bevorzugt werden.

Übung

Machen Sie die Probe aufs Exempel: Fragen Sie in Ihrem Umfeld nach, wie die Menschen zu ihren Jobs gekommen sind. Über die klassische Bewerbung auf Ausschreibungen oder doch über den verdeckten Arbeitsmarkt, sprich eigene Kontakte oder Empfehlungen.

!

4.1.5 Netzwerken und Jobsuche

Sie haben sicher inzwischen erkannt, wie wichtig Kontakte gerade bei der Jobsuche sind. Damit wissen Sie, warum in Kapitel 1 auch Kontakte und Netzwerke als wichtiger Teil Ihrer Qualifikation näher betrachtet wurden. Wer in ein gutes fachliches Netzwerk eingebunden ist, hat Zugang zu zusätzlichem Wissen und kann auf die Unterstützung anderer zurückgreifen. Entscheidend ist jedoch, wie Sie diesen Teil Ihres Kompetenzprofils im Rahmen des Bewerbungsprozesses einbringen.

Netzwerken bei der Rekrutierung
Dr. Joachim Allmann ist Geschäftsführer der A&A Dr. Allmann Personalberatung (www.AllmannPB.de). Er ist seit vielen Jahren als Personalberater am Markt tätig und unterstützt Unternehmen bei der Identifikation und Auswahl von Kandidaten. Als Abschluss und zur Abrundung dieses Kapitels erläutert er seine Sichtweise zum Thema Networking.

Es geschieht seit einigen Jahren immer häufiger, dass ich in Bewerbungsunterlagen lese oder im telefonischen bzw. persönlichen Gespräch von Bewerberinnen und Bewerbern höre, eine ihrer besonders ausgeprägten Fähigkeiten sei die des Netzwerkens. Wenn ich mich richtig erinnere, war dieser Begriff vor etwa zehn Jahren noch fast unbekannt, gehörte jedenfalls nicht zum Standard-Bewerbungsrepertoire.

Ganz sicher steht die Bedeutung, die der Begriff gewonnen hat, im engen Zusammenhang mit der Entwicklung der sozialen Netzwerke sowie der technisch basierten Kommunikationsmöglichkeiten. Dennoch scheint mir, dass Netzwerken nicht grundsätzlich neu ist, sondern ein neues Wort bekannte Verhaltensweisen umschreibt. Allerdings lassen es die technischen Möglichkeiten heute zu, dass sich eine größere Zahl von Menschen daran beteiligen kann als früher. Der Zugang zu Personen scheint einfacher geworden zu sein.

Natürlich ist es gerade bei der Besetzung von Vertriebsstellen oder Positionen mit Schnittstellenfunktion enorm wichtig, dass ein Kandidat Kontakte aufbauen und pflegen kann. Doch sich nur als guten Netzwerker zu bezeichnen, oberflächlich viele Namen von Kontakten blumig im Gespräch fallen zu lassen – auch als Namedropping bekannt – oder alternativ die große Zahl an Kontakten in sozialen Netzwerken anzubringen, das sind keine überzeugenden Belege. Viel nachvollziehbarer ist für mich, wenn ein Bewerber anschaulich mit konkreten Beispielen beschreiben kann, wie er seine kontinuierliche Beziehungspflege gestaltet und was sich daraus schon an praktischem Nutzen – für andere und für ihn – ergeben hat.

Für mich als Personalberater ist die vertrauensvolle Kontaktpflege seit jeher selbstverständlich. Es geht darum, mit Kunden und Kandidaten im Gespräch zu bleiben und zu wissen, was den anderen beschäftigt und bewegt. Oftmals ergeben sich daraus wieder gemeinsame Ansatzpunkte.

Netzwerken ist somit wesentlich mehr als das Sammeln möglichst vieler Kontakte bei Xing, LinkedIn oder Experteer. Netzwerken setzt Aktivität und Weitblick, Glaubwürdigkeit und Zuverlässigkeit, Hilfsbereitschaft und Geduld sowie die Bereitschaft voraus zu geben, um später vielleicht einmal nehmen zu können. Wenn der erhoffte unmittelbare Eigennutz die Haupttriebfeder von Networking ist, wird selbst ein noch so gutes Netzwerk nicht dauerhaft tragen.

Coaching-Team beim Jobwechsel

Wie hilfreich ein gutes, vertrauensvolles Netzwerk als Unterstützung gerade im Bewerbungsprozess ist, weiß auch **Dr. Thorben Bonarius** zu berichten. Er ist seit acht Jahren zusammen mit weiteren sechs Chemikern in einer meiner Coaching-Gruppen. Über die Jahre ist ein vertrauensvoller Kontakt entstanden, die Teilnehmer treffen sich dreimal im Jahr zum Gedankenaustausch und zur kollegialen Beratung. Sein Statement hierzu: »Das Gruppencoaching war für mich eine enorm wertvolle Konstante in der Zeit meines Jobwechsels. Dank des über die Jahre gewachsenen Vertrauens konnte man nicht nur konkrete Tipps austauschen, sondern auch langfristige berufliche und persönliche Ziele besprechen – die Gruppe begleitete mich quasi als Coach und Mentor.« Den Aspekt, durch einen solchen Prozess nicht allein gehen zu müssen, sollte man nicht unterschätzen. Es ist enorm hilfreich, sich gerade in Phasen wie diesen auf ein solides Netzwerk an Begleitern verlassen zu können, um die Hochs und Tiefs im Bewerbungsablauf besser meistern zu können.

4.2   Neu im Job: Wie werde ich Teil des Teams?

Sie haben gerade ein Studium abgeschlossen oder stehen vor einem Jobwechsel. Nun geht es darum, sich in einem neuen Arbeitsumfeld zurechtzufinden. Viele Menschen glauben, dass der Erfolg im neuen Job in erster Linie davon abhängt, wie schnell sie fachlich fit sind und die Tiefen der anstehenden Themen durchdringen. Die Praxis zeigt jedoch, dass die Entscheidung, ob ein neuer Mitarbeiter die Probezeit übersteht und dauerhaft Fuß fasst, nicht in erster Linie von seinen fachlichen Fähigkeiten abhängt. Formulierungen wie »Irgendwie passt er nicht ins Team«, »Er tickt so ganz anders als wir« oder »Die Chemie stimmt einfach nicht« umschreiben, dass Unzufriedenheit häufig im zwischenmenschlichen Bereich begründet liegt. Letztendlich geht es darum, als neuer Mitarbeiter möglichst schnell Akzeptanz zu finden und sich ins Team zu integrieren. Die soziale Kompetenz spielt dabei eine wesentliche Rolle.

4.2.1   Die ersten Eindrücke zählen

Was bedeutet das nun konkret im neuen Job? Machen Sie sich zunächst bewusst, dass Sie es sind, der hinzugekommen ist und sich in das vorhandene Team integrieren sollte. Das System passt sich nicht Ihnen an. Zeigen Sie Respekt, auch gegenüber Kollegen, die vielleicht einen geringeren Bildungsstand als Sie haben. Denken Sie daran: Deren Vorteil besteht darin, dass sie über Berufserfahrung verfügen und wissen, wie im Unternehmen der Hase läuft. Und davon können Sie entscheidend profitieren. Lassen Sie sich also Abläufe erklären, Hintergründe erläutern und Zusammenhänge beschreiben. Zuhören zu können ist in dieser Phase eine sehr wichtige Eigenschaft.

Seien Sie höflich und akzeptieren Sie, dass Sie zunächst derjenige sind, der dazulernen muss. Ja, lernen heißt die Devise – und dazu gehört auch die Bereitschaft, zuzuarbeiten und Aufgaben zu übernehmen, die aus Ihrer Sicht unter Ihrer Würde sind. Arrogantes Auftreten ist eine der Todsünden, die garantiert dazu führt, den ersten Eindruck negativ zu prägen. Ihre Kollegen könnten sich dann dazu angehalten fühlen, Sie bei jeder möglichen Gelegenheit auflaufen zu lassen. Erst wenn die anderen Sie akzeptieren, können Sie Ihr Arbeitsumfeld mitgestalten und neue Ideen einbringen.

Versuchen Sie, die Menschen in Ihrem engeren Umfeld möglichst schnell mit Namen anzusprechen und sie besser kennenzulernen. Kleine Eselsbrücken können helfen, Namen und Gesichter richtig zuzuordnen: Die Mona Lisa mit dem Engelsblick ist Frau Meyer-Löven oder der kleine Dicke mit dem Schnauzer ist Herr Mönchberg. Auch Bildassoziationen unterstützen dabei, dazu gibt es spezielle Mnemotechniken, mit denen Sie Ihrem Gedächtnis auf die Sprünge helfen können. Je verrückter die Bilder sind, umso leichter werden sie behalten. Nehmen wir Herrn Mönchberg, der im Vertrieb arbeitet. Stellen Sie sich zum Beispiel einen kugelrunden Mönch in seiner Kutte vor, wie er ein Bierfass zu einem Kunden den Berg hinaufrollt.

! **Tipp**

Führen Sie vom ersten Arbeitstag an ein Logbuch, in das Sie Ihre wesentlichen Eindrücke eintragen. So wie ein Seefahrtkapitän alle wichtigen Ereignisse notiert, zeichnen auch Sie Ihre ersten Schritte in der neuen Umgebung auf. Das hat zwei Vorteile: Zum einen nehmen Sie beim Aufschreiben die Eindrücke noch einmal bewusster wahr und können eventuellen Frust und Ärger direkt ablassen. Zum anderen schaffen Sie sich die Grundlage dafür, wichtige erste Erfahrungen und Eindrücke mit einer gewissen zeitlichen Distanz nochmals zu reflektieren und Ideen erneut aufzugreifen. Die Struktur Ihres Logbuchs könnte wie folgt aussehen (ein entsprechendes Arbeitsblatt steht als Arbeitshilfe online zur Verfügung):

Muster: Mein Logbuch
Datum: ....
Das hat mir gut gefallen:
Darüber war ich enttäuscht oder verärgert:
Das war eine wichtige Erkenntnis:
Das ist mir unklar:
Personen, mit denen ich heute zu tun hatte, und welchen Eindruck ich mitgenommen habe:
Ideen:

Ihre ersten Eindrücke von den Menschen, mit denen Sie zu tun haben, können sehr hilfreich sein. Das Bauchgefühl ist in der Regel ein guter Berater. Personen, die Ihnen spontan sympathisch sind, können wichtige Begleiter in der Anfangsphase sein. Achten Sie auch darauf, wie die Beziehungen der Kollegen untereinander sind. Wer kann gut mit wem? Wo gibt es Spannungen? So können Sie Fettnäpfchen leichter erkennen und umgehen.

Auch die eigenen Ideen für Veränderungen zu dokumentieren ist sinnvoll. Es macht sich nicht gut, wenn Sie bereits in den ersten Tagen die bestehenden Abläufe kritisieren, ohne zu wissen, warum Dinge auf bestimmte Art gemacht werden. Notieren Sie stattdessen die aus Ihrer Sicht kritischen Punkte. So stellen Sie sicher, dass Sie sich an diese Eindrücke später noch erinnern können, selbst wenn Sie nach einigen Wochen oder Monaten betriebsblind sind. Nutzen Sie Ihre Wahrnehmungen, um brachliegende Verbesserungspotenziale aufzuspüren. Befassen Sie sich nach sechs bis acht Wochen im Unternehmen noch einmal mit Ihren Einschätzungen aus den Anfängen. Ist Ihnen jetzt klar, warum ein Vorgehen vor dem Hintergrund der Gesamtprozesse auf bestimmte Weise ablaufen muss? Sollte auch zu diesem Zeitpunkt und mit dem zwischenzeitlich erworbenen Wissen eine Veränderung aus Ihrer Sicht sinnvoll sein, ist nun der richtige Zeitpunkt gekommen, die Themen anzusprechen. Sie können dann mit mehr Akzeptanz rechnen.

ARBEITSHILFE ONLINE

Übung

Kaufen Sie ein gebundenes Notizbuch, das Ihnen gut gefällt, und machen Sie es zu Ihrem persönlichen Begleiter. Halten Sie täglich Ihre Eindrücke fest und schließen Sie mit diesem Ritual den Tag ab. Nachdem Sie alles, was Ihnen wichtig erscheint, notiert haben, können Sie beruhigt das Buch zuklappen und sich auch gedanklich von der Arbeit verabschieden. Bewahren Sie Ihr Logbuch sorgfältig auf, es ist nur für Ihre Augen bestimmt. Nur so werden Sie ganz offen Ihre Eindrücke und Gefühle festhalten.

4.2.2   Spielregeln beachten

Eine gute persönliche Begleitung ist gerade in der Anfangsphase enorm wichtig, um sich gut im neuen Umfeld einzufinden und die Spielregeln kennenzulernen. Viele Unternehmen haben bereits entsprechende Maßnahmen institutionalisiert, und zwar in Form sogenannter Paten und Mentoren. Falls dies bei Ihrem neuen Arbeitgeber nicht der Fall ist, sprechen Sie das Thema ruhig an oder suchen Sie sich selbst jemanden, der bereit ist, Sie zu Beginn zu unterstützen. Wenn Sie einen Kollegen darum bitten und damit zum Ausdruck bringen, dass Sie ihn schätzen und von seinen Erfahrungen lernen wollen, drücken Sie Wertschätzung aus. Vor diesem Hintergrund sind die meisten Menschen gerne bereit zu helfen.

Begleitung durch Paten
Gerade in der Anfangszeit ist es sehr hilfreich, einen Paten zur Seite zu haben. Das sind in der Regel Kollegen, die bereits über Berufserfahrung verfügen und in der gleichen hierarchischen Ebene wie Sie angesiedelt sind. Im Tauchsport ist vom Buddy die Rede, der Sie als Partner bei den Tauchgängen begleitet; dieser Begriff wird inzwischen auch in vielen Unternehmen verwendet. Gemeint ist damit ein Helfer, der Sie besonders bei alltäglichen Dingen unterstützen soll. Er begleitet Sie sowohl in fachlicher als auch in sozialer Hinsicht, aufgrund seines Insiderwissens werden Sie sich so manchen unnötigen Gang sparen und Fettnäpfchen auslassen. Zu den Fragen, die Sie ihm stellen können, gehören zum Beispiel die folgenden:

- Wie komme ich an die Charts einer Firmenpräsentation?
- Wen spreche ich am besten im Nachbarbereich an, um zu erfahren, wer dort wofür zuständig ist?
- Welche Freizeitaktivitäten bietet die Firma an?
- Ist Herr M. gegenüber allen Mitarbeitern so kurz angebunden oder liegt das speziell an mir und meinem Verhalten?

Das sind typische Dinge, die in den Bereich des Paten fallen. Je nachdem, wie vertrauensvoll die Beziehung im Lauf der Zeit wird, kann er Ihnen auch eine Rückmeldung über Ihr Verhalten geben und aufzeigen, wo Optimierungsbedarf besteht. Gerade in Hinblick auf das Networking ist der Pate ein wichtiger Mittler. Er kann Kontakte herstellen und Sie mit Schlüsselpersonen verbinden.

Unterstützung durch einen Mentor
Ein Mentor ist in der Regel hierarchisch höher angesiedelt als Sie und soll neben Ihrem Vorgesetzten ein eher neutraler Ansprechpartner sein. Das Verhältnis zu ihm ist zeitlich gesehen sicherlich nicht so intensiv wie das zu einem Paten. Der Mentor kann aber aufgrund seines Status und seiner breiteren, häufig funktionsbereichsübergreifenden Erfahrung sehr wichtige Tipps und Rückmeldungen geben. Bereiten Sie die Gesprächstermine mit Ihrem Mentor gut vor, um die zur Verfügung stehende Zeit effektiv zu nutzen. Das bedeutet: Sammeln Sie im Vorfeld Fragen und formulieren Sie diese zielgerichtet, zum Beispiel so:
- Welche Bereiche außerhalb meines engeren Arbeitsgebiets sollte ich kennenlernen?
- Gibt es derzeit ein strategisches Projekt, an dem ich entweder mitarbeiten oder das ich zumindest mit Interesse verfolgen sollte?
- Was halten Sie von dieser Ausarbeitung? (Feedback zu einer Ausarbeitung, die Sie erstellt haben.)
- Wo sollte ich im Hinblick auf meine Weiterqualifizierung einen Schwerpunkt setzen?

Auch wenn Ihnen ein Pate oder ein Mentor zur Seite steht, ist stets Ihr Vorgesetzter Ihr zentraler Ansprechpartner. Von seiner Einschätzung hängt es letztlich ab, ob Sie als Mitarbeiter mit Potenzial gelten, deshalb mehr Verantwortung übertragen bekommen und am Ende der Probezeit weiter beschäftigt werden. Natürlich sind auch andere Personen des Vertrauens aus dem eigenen Netzwerk wichtig und hilfreich. Falls Sie innerhalb Ihres Bereichs auf Probleme stoßen, können sie vermittelnd einwirken. Der beste Weg ist und bleibt jedoch, ein offenes und vertrauensvolles Verhältnis zum Vorgesetzten anzustreben und sich dessen Unterstützung zu sichern.

Der Einstand

Im Berufsleben ist der Einstand ein übliches Ritual, es gilt als Zeichen für die Aufnahme in eine neue Gemeinschaft. So wie die Seemannstaufe, mit der ein Matrose zum akzeptierten Mitglied der Schiffsmannschaft wird, steht auch der Einstand als Symbol. Zudem ermöglicht er es, ungezwungen mit den Menschen aus dem engeren Arbeitsumfeld in Kontakt zu kommen und informelle Gespräche zu führen. In welcher Form und zu welchem Zeitpunkt der Einstand angebracht ist, hängt sehr stark von den jeweiligen Gepflogenheiten und Rahmenbedingungen ab. Meist findet er zum Ende des ersten bzw. zu Anfang des zweiten Monats statt. Wenn Ihre Kollegen Sie schon früher auf das Thema Einstand ansprechen – häufig geschieht das in eher flapsiger, ironischer Form –, greifen Sie es ruhig auf. Fordern die Kollegen dieses Ritual ein, ist das in der Regel ein Zeichen dafür, dass sie Sie in ihre Gemeinschaft aufgenommen haben.

Die Erwartungshaltungen sind ganz unterschiedlich, manchmal gehen die Kollegen davon aus, dass sie abends in ein Lokal eingeladen werden, andernorts ist es üblich und ausreichend, in der Kaffeepause den Kuchen beizusteuern. Am besten informieren Sie sich darüber, was üblich ist, und orientieren sich daran. Das bedeutet nicht, dass Sie nicht kreativ sein können, was die Gestaltung Ihres Einstands betrifft. Warum nicht zu einer Schlauchbootpartie mit anschließender Brotzeit einladen? In einem jungen Team könnte das durchaus gut ankommen. Besprechen Sie solche Aktionen mit einigen Kollegen Ihres Vertrauens, bevor Sie offiziell einladen.

Suchen Sie informelle Kontakte und Gespräche auch unabhängig vom Einstand. Wenn Ihre Kollegen gemeinsam zum Mittagessen gehen, sondern Sie sich nicht ab. Nutzen Sie jede Chance mitzubekommen, was so los ist im Unternehmen. Falls es nicht üblich ist, in der Gruppe zum Essen zu gehen, verabreden Sie sich mit einzelnen Personen.

Networking als Berufsstarter

Philipp Neuffer, Jahrgang 1990, ist nach seinem BWL-Studium und einer ersten Stelle im Einkauf nach zwei Jahren intern in den Zentraleinkauf des Konzerns gewechselt. Er beschreibt seine Erfahrungen als Berufsstarter in einem neuen Arbeitsumfeld.

Unter Networking verstehe ich den Aufbau und die Pflege von vertrauensvollen Kontakten. Dabei haben mir bisher mehrere Punkte sehr geholfen. Zum einen sollte man ein aufrichtiges Interesse an den Kollegen – auch in angrenzenden Abteilungen – und deren Aufgabenfeldern mitbringen. Das lässt sich zum Beispiel zeigen, indem man am Anfang der Zusammenarbeit genügend Zeit investiert, sei es für persönliche Einarbeitungsgespräche oder auch für eine Reise, falls die direkten Ansprechpartner an anderen Standorten arbeiten. Dadurch ist es schnell möglich, vom Absender einer E-Mail ohne Gesicht zum angenehmen Kollegen zu werden, dem man schon mal die Hand geschüttelt und mit dem man im besten Fall schon gelacht hat.

Als guten Anknüpfungspunkt habe ich gemeinsame Abteilungs-Events oder Sportveranstaltungen empfunden. Viele Firmen bieten wöchentliche Sportgruppen für die Mitarbeiter an. Angenehm ist, dass man hierarchieübergreifend im Team spielt, meistens sofort geduzt wird und jederzeit einen gemeinsamen Nenner mit den Kollegen hat. Zudem ergeben sich dabei unzählige Themen, um das Eis zu brechen und Kontakte zu knüpfen. Das entstandene kollegiale Verhältnis wird nach dem Spiel natürlich nicht beendet, außerdem können – müssen aber nicht – nebenbei geschäftliche Themen angesprochen werden.

Für die Kontaktpflege haben sich gemeinsame Mittagessen als hervorragendes Mittel erwiesen. Warum nicht das Angenehme mit dem Nützlichen verbinden und die Mittagspause nutzen, um mit Kollegen über aktuelle Themen zu sprechen – sei es geschäftlich oder privat? Wichtig ist bei all dem, authentisch zu bleiben und das Interesse nicht nur vorzuspielen. Alle Kontakte sollten ungezwungen ablaufen und nicht nur einseitig genutzt werden, ansonsten werden sie nicht von Dauer sein. Aus meiner Sicht können nur so die riesigen Chancen von Networking voll zum Tragen kommen.

Außerdem stechen für mich zwei persönliche Eigenschaften beim Networking besonders hervor: Zum einen halte ich Offenheit gegenüber Neuem für sehr vorteil-

haft. Das klingt abgedroschen, aber man begegnet gerade im ersten Job unzäh-ligen Dingen, die man aus dem Studium nicht kennt oder sich anders vorgestellt hat. Ich finde es sehr wichtig, dass man unvoreingenommen an die Themen her-angeht, zunächst einmal zuhört, ausprobiert und sich auf das Neue einlässt. Das heißt natürlich nicht, einen Diskurs generell zu vermeiden oder die eigenen Vor-schläge zurückzuhalten, aber ein gewisses Maß an Offenheit ist gerade in einem neuen Umfeld sehr wichtig.

Zum anderen ist eine Portion Selbstbewusstsein hilfreich. Trotz der fehlenden praktischen Erfahrung bringen Berufseinsteiger oft viele neue Ideen mit, die an-deren vielleicht wegen Betriebsblindheit nicht einfallen. So sollte man sich trotz aller Nervosität schon in den ersten Wochen seiner persönlichen Stärken bewusst sein. Dazu gehört auch, sich Fehler einzugestehen und diese als festen Bestand-teil der Lernkurve zu verbuchen, anstatt sich zu rechtfertigen. Doch Achtung: Nicht übertreiben, sonst wirkt man eventuell arrogant. Also alles mit Augenmaß und Fingerspitzengefühl.

4.3 Neu als Chef: die Führungsrolle füllen

Sie haben sich auf eine Führungsposition beworben oder wurden gezielt darauf angesprochen, eine solche Stelle zu übernehmen. Herzlichen Glückwunsch!

Jetzt sind Sie Kapitän auf dem Schiff und haben als Chef die Mög-lichkeit, Ihre Ideen und Ziele nicht nur mit der eigenen Energie, son-dern mit erhöhter Schlagzahl zu verfolgen. Schließlich sind Mitar-beiter an Bord, die sich mit ihren Fähigkeiten und Ressourcen tat-kräftig einbringen können. Eine entscheidende Voraussetzung da-für ist, dass sie tatsächlich mitzie-hen. In Kapitel 3.1.2 war zu lesen, wie wichtig es für den beruflichen Erfolg ist, Menschen zu begeis-tern. Dies gilt insbesondere für Führungskräfte. Schließlich hängt ihr Erfolg nicht nur von ihrer Arbeit ab, sondern auch von der Leistung der Mitarbeiter. Das folgende Zitat von Antoine de Saint-Exupéry, dem französischen Flieger und Schriftsteller, bringt dies sehr bildlich auf den Punkt:

»Wenn Du ein Schiff bauen willst, dann rufe nicht die Menschen zu-
sammen, um Holz zu sammeln, Aufgaben zu verteilen und die Arbeit ein-
zuteilen, sondern lehre sie die Sehnsucht nach dem großen, weiten Meer.«

Natürlich können Sie einfach von Ihrem Weisungsrecht Gebrauch machen. Doch wer nur auf Befehl lustlos seinen Job macht, wird nie die gleiche Leistung bringen wie ein motivierter Mitarbeiter. Die Frage ist also, wie es gelingen kann, die Mitarbeiter zu begeistern. Wie wecken Sie die Sehnsucht nach dem großen, weiten Meer? Die Führungsrolle ist immer auch mit einer Vorbildfunktion verbunden. Sie stehen im Blickpunkte und die Mitarbeiter achten sehr genau darauf, was ein Vorgesetzter macht und wie er es macht. Dessen sollten Sie sich bewusst sein. Vor allem ist wichtig, dass Sie das, was Sie von anderen erwarten und als Werte und Verhaltensmaßstäbe vorgeben, auch selbst leben. Die Amerikaner nennen das »to walk your talk«. Das beginnt bei ganz einfachen Dingen wie der Beachtung von Sicherheitsvorschriften und reicht über den korrekten zwischenmenschlichen Umgang mit Kollegen und Mitarbeitern bis hin zur Einhaltung von Zusagen.

Ein guter Vorgesetzter weiß, wie die Stimmung in seiner Abteilung ist und was an der Basis passiert. Networking bedeutet in diesem Zusammenhang auch, sich regelmäßig mit den Mitarbeitern auszutauschen. Ihnen sollte bekannt sein, welche Gerüchte es gibt und was der Flurfunk so meldet. Nur wenn Sie wissen, was Ihre Mitarbeiter beschäftigt, können Sie darauf reagieren und gegebenenfalls einer unguten Entwicklung entgegensteuern. Dies bedeutet, sich Zeit zu nehmen, etwa für informelle Gespräche oder eine Tasse Kaffee im Stehen, und ein offenes Ohr für die Belange der Mitarbeiter zu haben. Beziehung und Vertrauen entstehen über die Haltung und das Verhalten im Alltag.

Es folgen ein paar Tipps für den Einstieg in eine Führungsposition:

- Stellen Sie sich den Mitarbeitern am besten in einer Teamrunde vor. Erzählen Sie etwas über sich, Ihren Background, Ihre Motivation und Ihre Wünsche in Hinblick auf die Zusammenarbeit. Wer auch einen kleinen persönlichen Einblick gibt, wirkt sympathisch und baut Distanz ab.
- Zeigen Sie klar auf, wie Sie Ihren weiteren Einstieg planen. Wollen Sie zum Beispiel mit allen Mitarbeitern Einzelgespräche führen, macht es Sinn, im Vorfeld aufzuzeigen, welche Erwartungen Sie damit verbinden. Worauf soll sich der Mitarbeiter vorbereiten? Mögliche Ansatzpunkte sind zum Beispiel eine kurze Beschreibung des jeweiligen Arbeitsgebiets, aktuelle Themen, kritische Aspekte, Wünsche und eigene Erwartungen, Themen, die er gerne angehen möchte oder die unbefriedigend gelöst sind. Wenn Sie einen direkten Draht zu Ihren Mitarbeitern wollen, sprechen Sie ganz konkret an, dass Sie sich ein offenes Feedback und Anregungen wünschen.

- Nehmen Sie Ihre Mitarbeiter ernst. In der Regel haben sie einen Wissensvorsprung, was die konkreten Aufgaben betrifft. Oft können sie auch Verbesserungspotenziale aufzeigen, die sie im Arbeitsalltag erkannt haben. Ermutigen Sie Ihre Mitarbeiter dazu, diese zu benennen.
- Versuchen Sie nicht, der bessere Fachmann zu sein. Ihre Aufgabe ist es, den Gesamtbereich zu steuern, nicht Sachbearbeiter zu sein. Gerade frische Führungskräfte neigen häufig dazu, sich lieber mit vertrauten Aufgaben zu beschäftigen, als wirklich strategisch zu arbeiten, Führungsthemen aufzugreifen und das Gesamtziel im Auge zu behalten.
- Geben Sie die Erfolge anderer nicht als die Ihren aus. Wenn ein Mitarbeiter eine Leistung erbracht hat, sollten Sie ihm die Anerkennung dafür zukommen lassen, auch sichtbar nach außen. Dies stärkt Ihre Position, da Sie dadurch gute Mitarbeiter anziehen.

Außer an der Mitarbeiterführung wird Ihr Erfolg daran gemessen, wie Sie sich im Kreise Ihrer Peers, also der anderen Führungskräfte positionieren und integrieren. Dieses Netzwerk hilft Ihnen, Interessen besser zu platzieren, damit Ihre Ideen gehört, unterstützt und am Ende umgesetzt werden.

Wie in jedem Team gibt es auch im Kreis der Führungskräfte eine inoffizielle Hierarchie, selbst wenn formal alle auf der gleichen Ebene tätig sind. Versuchen Sie möglichst schnell, die Interessen der verschiedenen Kollegen auszuloten und sich mit anderen Führungskräften zusammenzuschließen.

- Mit wem gibt es gemeinsame Ziele?
- Wo bestehen besonders enge Verbindungen zwischen Themen?
- Welche Synergien lassen sich mit der Zusammenarbeit erzielen?
- Mit wem sind Sie auf einer Wellenlänge, was die Vorstellungen und Werte betrifft?

Auch hier gilt: Gemeinschaft stärkt. Bauen Sie daher ein tragfähiges Netzwerk im Kreis der Führungskräfte auf. Gelegenheiten hierzu sind Teamtreffen, gemeinsame Mittagessen oder der Besuch von Tagungen und Schulungen. Ebenso stärkt die Arbeit an gemeinsamen Projekten den Zusammenhalt und begründet Vertrauen. In vielen Unternehmen gibt es darüber hinaus spezielle Förderkreise, in denen Nachwuchsführungskräfte qualifiziert werden. Sie dienen dazu, dass sich Kontakte entwickeln, die auch im beruflichen Alltag förderlich sind.

Als Führungskraft stehen Sie wesentlich stärker im Blickpunkt, als wenn Sie eine Fachfunktion innehaben. Sie befinden sich nun in der berühmten Sandwichposition, in der Sie mit Erwartungen aus mehreren Richtungen klarkommen müssen: nämlich denen des Chefs und denen der Mitarbeiter, häufig auch der Kunden und benachbarten Bereiche. Eine gehörige Portion Finger-spitzengefühl, zudem die Fähigkeit, Situationen und Konstellationen treff-sicher einschätzen zu können, sind unerlässlich; ebenso gute Kontakte etwa zum Personalbereich und, sofern vorhanden, zum Betriebs- beziehungsweise Personalrat. Wenn Sie diese Kontakte nicht pflegen und frühzeitig bei perso-nellen Entscheidungen einbinden, werden Sie als Führungskraft immer wieder gegen Betonwände fahren.

Beachten Sie außerdem die Vorgaben zur betrieblichen Mitbestimmung in Hinblick auf personelle Einzelmaßnahmen wie Einstellungen und Besetzun-gen sowie bei Fragen der betrieblichen Organisation. Einige grundlegende Kenntnisse des Arbeitsrechts sind ebenso von Vorteil. Da auf Nachwuchs-führungskraft eine Vielzahl neuer Herausforderungen zukommt, bieten viele Unternehmen spezielle Schulungen für diese Zielgruppe an. Alternativ oder ergänzend sorgt ein Coaching für Unterstützung.

Austausch mit einem Coach
Sie kennen sicherlich den Begriff »Coach« aus der Welt des Sports. Dabei handelt es sich um einen Trainer, der seinen Schützling fördert und auf sei-nem beruflichen Weg begleitet. Ein Coach ist häufig auch ein externer Be-rater, der im Rahmen des Onboardings die Einarbeitungsphase einer neuen Führungskraft verkürzen und eine erfolgreiche Integration fördern soll. Der Vorteil besteht darin, dass der Coach aus einer neutralen Perspektive heraus Situationen gemeinsam mit Ihnen als Führungskraft beleuchtet und reflek-tiert. So können Sie das eigene Verhalten überdenken, Handlungsalternativen entwickeln und damit mehr Sicherheit für die Zukunft gewinnen. Der Coach sollte selbst über praktische Erfahrung im Arbeitsalltag verfügen sowie das berufliche Umfeld und die Rahmenbedingungen einschätzen können.

Je weiter oben eine Führungskraft in der Hierarchie angesiedelt ist, umso schwieriger wird es, aus dem beruflichen Umfeld ein offenes Feedback über die eigenen Verhaltensweisen zu erhalten. Der Coach ist hier Sparringspartner und Gesprächspartner, der es der Führungskraft ermöglicht, sich eine realisti-sche Selbsteinschätzung zu bewahren und damit ein Auseinanderdriften von Fremd- und Selbstbild zu vermeiden. Anders als der Supervisor, der sich auf-grund seines in der Regel psychologischen Hintergrunds auf die Reflexion und Aufarbeitung von Verhaltensweisen konzentriert, sollte der Coach, basierend auf seiner eigenen beruflichen Erfahrung, darüber hinaus konkrete Anregun-gen und Hilfestellung bei der Problemlösung geben können.

4.4 Den Job kündigen, aber richtig

Vielleicht wundern Sie sich, dass beim Thema Networking auch das Kündigen eines Jobs zur Sprache kommt. Doch vor allem im Zusammenhang mit dem Ausscheiden aus einem Unternehmen sollten Sie sehr darauf bedacht sein, keine verbrannte Erde zu hinterlassen. Denn in Ihrem weiteren Berufsleben wird der bisherige Job nicht nur durch das Arbeitszeugnis, sondern auch durch die gewonnenen Kontakte Teil Ihrer Berufsbiografie. Daher ist es wichtig, dass Sie einen sauberen Abgang hinlegen – und der beginnt bereits mit der Art Ihrer Kündigung.

Kündigen Sie Ihren Arbeitsvertrag erst dann, wenn Ihnen eine verbindliche Zusage des neuen Arbeitgebers vorliegt. Zwar sind grundsätzlich auch mündliche Vertragszusagen gültig, da sich diese jedoch oft schwer beweisen lassen, ist die Schriftform unbedingt zu bevorzugen. Achten Sie darauf, dass Sie Ihre Kündigung pünktlich einreichen und diese Ihrem Arbeitgeber fristgerecht zugeht. Der einfachste Weg: Lassen Sie sich die Kündigung vom Arbeitgeber mit Datum schriftlich auf einer Zweitschrift bestätigen. In der Regel ist die Personalabteilung hier Ansprechpartner, es zeugt jedoch von gutem Stil, wenn Sie Ihren direkten Chef als Ersten über Ihre Kündigung unterrichten. Erläutern Sie ihm kurz Ihre Gründe, jedoch ohne die Situation als willkommene »Payback-Gelegenheit« zu nutzen und den angestauten Ärger der letzten Jahre abzuladen. Betonen Sie lieber die positiven Aspekte, die mit der neuen Stelle einhergehen, sowie die damit verbundenen Entwicklungsmöglichkeiten.

4.4.1 Das Arbeitszeugnis

Mit dem Ausscheiden aus einem Unternehmen steht Ihnen ein Arbeitszeugnis zu. Dabei kann es sich um eine reine Arbeitsbescheinigung handeln, auch »einfaches Zeugnis« genannt. Üblich ist allerdings ein sogenanntes qualifiziertes Zeugnis, in dem Ihre Aufgaben beschrieben und Ihre Leistungen bewertet werden. Es ist heute durchaus üblich, dass Mitarbeiter einen Entwurf des Arbeitszeugnisses vorbereiten oder zumindest Stichpunkte zusammenstellen. Sprechen Sie mit Ihrem Arbeitgeber darüber, ob Sie aktiv werden sollen, viele sind dankbar, wenn der scheidende Mitarbeiter hier Vorarbeit leistet. Auch wenn das für Sie Arbeit bedeutet, Sie können auf diese Weise direkt Einfluss nehmen. Kennen Sie sich mit den einschlägigen Formulierungen der Zeugnissprache nicht aus, suchen Sie sich entsprechende Unterstützung, damit Sie sich am Ende nicht selbst schaden. Gibt es in Ihrem privaten Umfeld jemanden, der in der Personalabteilung arbeitet? Wenn nicht, können in der Regel auch Karriereberater, Fachanwälte für Arbeitsrecht oder speziell geschulte Mitarbeiter bei den Gewerkschaften helfen.

Für Ihren Chef wird die reibungslose Übergabe Ihres Arbeitsgebiets an einen Nachfolger am wichtigsten sein. Zeigen Sie sich hier kooperativ und hilfsbereit. Überlegungen wie »Sollen die doch mal sehen, wie sie ohne mich klarkommen« sind hier fehl am Platz. Dokumentieren Sie Ihre Arbeitsvorgänge sauber und bringen Sie Ihre Ablage – in Papierform und elektronisch – auf Stand. Eine Beschreibung der aktuellen Vorgänge ist besonders dann wichtig, wenn keine direkte Übergabe an einen Nachfolger stattfindet und die Kollegen die Arbeit zunächst mit übernehmen müssen. Ihr Ziel sollte es sein, in guter Erinnerung zu bleiben. Dies gelingt Ihnen am besten, indem Sie den bisherigen Kollegen die Arbeit erleichtern.

4.4.2 Der Ausstand

Zum guten Abschluss eines Arbeitsverhältnisses gehört es auch, einen Ausstand zu geben. Laden Sie hierzu all die Menschen ein, mit denen Sie intensiv zusammengearbeitet haben. Bedanken Sie sich für deren Unterstützung und die gute Kooperation. Kleine Anekdoten aus der gemeinsamen Arbeit können Ihre Ansprache auflockern und positive Erinnerungen wachrufen. Achten Sie aber darauf, weder einzelne Mitarbeiter noch den Chef bloßzustellen.

Der Ausstand soll ein letztes Zeichen der Verbundenheit sein und Wertschätzung für Ihre Arbeitskollegen ausdrücken. Welche Art von Ausstand geeignet ist – ein Umtrunk im Büro oder eine Einladung in ein Restaurant –, hängt von der Personenzahl, der Länge Ihrer Betriebszugehörigkeit und nicht zuletzt davon ab, was im Unternehmen üblich ist.

4.4.3 Kommunikation und Kontaktpflege

Klären Sie mit Ihrem Chef, wann und in welcher Form Ihr Weggang nach innen und außen kommuniziert werden soll. Eine abgestimmte Vorgehensweise ist sehr wichtig, insbesondere wenn Sie eine Schlüsselposition innehatten und Ihr Wechsel auch im Markt Beachtung findet. Halten Sie sich verbindlich an die getroffenen Vereinbarungen und Sprachregelungen.

War es früher absolut unüblich, nach einer Eigenkündigung zu einem späteren Zeitpunkt ins Unternehmen zurückzukehren, kommt dies heute durchaus vor. Die außerhalb neu gewonnenen Erfahrungen werden von Unternehmen geschätzt. Sollten Sie feststellen, dass der neue Job eher Sternschnuppe ist als leuchtender Stern, oder wenn Sie die Probezeit nicht überstehen, kann sich die Rückkehr zum vorherigen Arbeitgeber als beste Option anbieten. Dies setzt jedoch voraus, dass Sie sich im Guten getrennt haben.

Dass Arbeitgeber gezielt den Kontakt zu ehemaligen Arbeitnehmern halten möchten, lässt sich insbesondere in der Beratungsbranche feststellen. Sogenannte Alumni-Kreise, zu denen ehemalige Beratungskollegen regelmäßig eingeladen werden, bieten eine elegante Möglichkeit, sich auszutauschen und immer wieder Anknüpfungspunkte zu finden.

4.5 Umgang mit kritischen Situationen

Schön, wenn mit den Netzwerkpartnern alles gut läuft und Sie sich super verstehen. Doch wenn Menschen zusammentreffen, lassen sich Konflikte nicht immer vermeiden. Das gilt besonders dann, wenn keine klaren Absprachen getroffen oder Erwartungen nicht erfüllt werden. Oftmals sind es auch nur Missverständnisse, die Unmut wecken.

4.5.1 Konflikte offen ansprechen

Wenn Sie das Verhalten eines Netzwerkpartners nicht nachvollziehen oder akzeptieren können, sprechen Sie ihn darauf an. Das Grummeln im Bauch oder die innere Unzufriedenheit spielen unterschwellig immer mit, selbst wenn Sie nichts sagen. Erinnern Sie sich an das Eisbergmodell? Sechs Siebtel von dem, was in der Kommunikation abläuft, vollzieht sich nicht sichtbar unter der Oberfläche. Ihr Gegenüber kann also nicht verstehen, ob Sie abweisend sind, vielleicht schnippisch oder einfach nur schlecht drauf, wenn Sie ihm unwirsch begegnen. Daher sollten Konflikte offen angesprochen werden. Tun Sie dies in einer ruhigen Umgebung und unter vier Augen.

Darüber hinaus gilt: Vermeiden Sie direkte Schuldzuweisungen, vor allem in Verbindung mit Verallgemeinerungen: »Du hast – wie immer – den Veranstaltungsraum chaotisch und verdreckt hinterlassen.« Druck schafft Gegendruck. Ihr Gesprächspartner wird versuchen, sich zu rechtfertigen, und Ihnen nachweisen wollen, dass Sie nicht recht haben. Die Spirale schraubt sich nach oben. Besser ist es, zunächst rein sachlich mit einer Ich-Aussage über die eigene Wahrnehmung zu berichten und die Gefühle, die dabei entstanden sind, zu beschreiben: »Ich bin gestern Abend in den Schulungsraum gekommen. Alle Tische und Stühle waren quer im Raum verteilt und überall standen noch schmutzige Gläser. Ich habe mich geärgert, da ich heute Morgen eine Veranstaltung hatte und alles wegräumen musste.«

Ein großer Vorteil von Ich-Aussagen liegt darin, dass Ihr Gegenüber diesen nicht widersprechen kann. Wenn Sie sich geärgert haben oder sich gekränkt fühlen, ist das eine Tatsache. Diese Art von Kommunikation erlaubt es dem anderen, konkret auf die genannten Punkte einzugehen, sich entweder zu entschuldigen oder die Hintergründe zu erklären. Oft stellt sich ein Sachverhalt dann ganz anders dar: Es wäre ja zum Beispiel auch möglich, dass nach Ihrem Kollegen noch jemand Drittes den Schulungsraum genutzt hat. So lassen sich Probleme häufig klären und für die Zukunft Regelungen finden, die für alle Beteiligten akzeptabel sind.

4.5.2 Nein sagen will gelernt sein

Viele Menschen finden es schwierig, Bitten oder Forderungen anderer abzulehnen. Nein sagen zu können ist jedoch eine wichtige Selbstschutzmaßnahme. Zum einen geht es darum, hinter dem zu stehen, was man tut, und sich nicht zu etwas drängen zu lassen, von dem man nicht überzeugt ist. Zum anderen sind Menschen, die nicht Nein sagen können, stark gefährdet, sich selbst zu überfordern.

> **!** **Beispiel**
>
> Margot Hansen ist Mitglied in einer Arbeitsgruppe und hat zudem im Moment viele andere Projekte zu bearbeiten. In der vorigen Woche hat sie das Protokoll der Sitzung geschrieben. Der Vorsitzende der Arbeitsgruppe kommt im Vorfeld des nächsten Treffens auf sie zu und sagt: »Ach, schreib doch wieder das Protokoll. Bei dir hat das alles Hand und Fuß und ist so schön strukturiert.« Margot Hansen fühlt sich geschmeichelt, ist jedoch stark mit Arbeit belastet. Sie würde gerne ablehnen, weiß jedoch nicht so richtig, wie sie dabei vorgehen soll.

Sie kennen solche Situationen? Dann hilft Ihnen und Frau Hansen vielleicht die Technik »In vier Schritte zum Nein«.
1. Wiederholen Sie zunächst die Bitte: »Du möchtest, dass ich, wie in der letzten Woche, bei der heutigen Sitzung das Protokoll schreibe?« So stellen Sie sicher, dass Sie die Frage richtig verstanden haben. Wenn dies der Fall ist, folgt der nächste Schritt.
2. Sagen Sie Nein: »Nein. Ich möchte diese Woche das Protokoll nicht erstellen.« So positionieren Sie sich ganz klar.

3. Begründen Sie Ihre Entscheidung: »Ich habe im Moment echt viel zu tun mit den anderen Projekten, daher möchte ich nicht direkt noch einmal das Protokoll schreiben.«

4. Alternativen anbieten: »Wenn dir meine Protokolle gut gefallen – worüber ich mich sehr freue –, kann ich gern die Formatvorlage jemand anderem zur Verfügung stellen. In drei Wochen ist bei mir die heiße Phase bei den anderen Projekten vorbei, dann kann ich diese Aufgabe gerne wieder übernehmen.« Indem Sie Lösungshilfen und alternative Angebote machen, zeigen Sie sich sachlich-konstruktiv.

4.5.3 Typische Reibungspunkte und Tipps zur Lösung

Häufig entstehen Konflikte, wenn Kontakte Dritter einfach genutzt werden. Was können Sie tun, wenn ein Netzwerkpartner, ohne vorher mit Ihnen darüber zu sprechen, auf einen Ihrer Kunden zugeht und seinerseits Geschäfte macht? Sicherlich kommt es entscheidend darauf an, wie diese Situation entstanden ist. Haben Sie im Vorfeld Unterstützung signalisiert, die der andere als Freibrief für eine Kontaktaufnahme verstanden hat? Wissen Sie sicher, dass Ihr Netzwerkpartner zu Ihrem Kunden nicht bereits vorher Beziehungen geknüpft hatte?

Stellt sich heraus, dass Ihr Netzwerkpartner tatsächlich eigenmächtig und ohne Absprache hinter Ihrem Rücken Ihre Kunden anspricht und sich dabei auch noch auf Sie bezieht, heißt es, klare Grenzen zu setzen. Insbesondere darf Ihr Name nicht als Referenz und Türöffner benutzt werden, wenn Sie dem nicht ausdrücklich zugestimmt haben.

Ähnliches gilt, wenn die Ideen anderer als die eigenen verkauft werden. Das ist nicht nur schlechter Stil, sondern spricht sich in der Regel auch sehr schnell herum. Die Konsequenz ist, dass die Person, die sich so verhält, mehr und mehr von Informationen und Ideen ferngehalten wird und damit ins Abseits gerät. Wer in einem Netzwerk das Image des Ideenklauers weg hat, wird nicht mehr viel gewinnen können.

Gefällt Ihnen die Idee eines anderen, sprechen Sie ihn darauf an und fragen Sie, ob Interesse an einer gemeinsamen Umsetzung besteht. Indem Sie eigene Ressourcen einbringen und die Idee unterstützen, kann eine reizvolle Win-win-Situation entstehen. Akzeptieren Sie es aber auch, wenn eine solche Anfrage abgelehnt wird. Nehmen Sie das als Ansporn, selbst eine pfiffige Idee zu entwickeln und umzusetzen.

An dieser Stelle folgen ein paar Tipps, um Konflikte beim Networking zu vermeiden:

- Treffen Sie klare Absprachen:
  - Welche Informationen dürfen an wen weitergegeben werden?
  - Wer darf kontaktiert werden?
  - Darf sich jemand auf Sie beziehen?
  - Stehen Sie als Referenzgeber zur Verfügung?
- Legen Sie fest, wie der Informationsfluss laufen soll: über Sie, Sie in Cc oder Bcc oder gemeinsame Kommunikation?
- Seien Sie selbst verlässlich und seriös:
  - Halten Sie Terminzusagen ein.
  - Respektieren Sie auch ein Nein.
  - Schmücken Sie sich nicht mit fremden Federn.
  - Stehen Sie zu Ihren Aussagen.
- Formulieren Sie keine Erwartungen:
  - »Da wäre ich schon enttäuscht, wenn du das nicht für mich tust.«
  - »Das ist nun wahrlich nicht viel verlangt.«
- Setzen Sie niemanden unter Druck und lassen Sie sich nicht unter Druck setzen:
  - »Ich habe dir auch geholfen, vergiss das nicht.«
  - »Wenn Sie darüber nicht schweigen und mich auffliegen lassen, wird das weitreichende berufliche Konsequenzen für Sie haben.«

Der letzte Punkt ist schon sehr hartes Kaliber. Ein solches Vorgehen kann als Erpressung und Nötigung ausgelegt werden und strafrechtliche Konsequenzen haben. Dass hier nicht mehr von Netzwerken und gegenseitiger Unterstützung die Rede sein kann, versteht sich von selbst.

5 Grenzen setzen und Netzwerke verlassen

Die Ausführungen in diesem Buch machen es deutlich: Es ist wichtig, Networking seriös zu betreiben, Grenzen zu setzen und vor allem rechtliche Vorgaben zu beachten.

5.1 Compliance: Regeln und ethische Standards

Der Begriff »Compliance« ist in aller Munde. Kein Unternehmen, das sich des Themas nicht annimmt. Compliance steht für die Einhaltung von Regeln und ethischen Standards, seien sie gesetzlich vorgegeben oder selbst gesetzt. Nach zahlreichen Bestechungsskandalen, unrechtmäßigen Vorteilsannahmen und der Nichtbeachtung rechtlicher Vorgaben achten die Unternehmen inzwischen sehr darauf, dass sich Mitarbeiter auf allen Hierarchieebenen korrekt verhalten. War es früher gang und gäbe, dass beispielsweise Einkaufsleiter zu Formel-1-Rennen eingeladen wurden, herrscht heute deutliche Zurückhaltung, um den Verdacht der Bestechung erst gar nicht aufkommen zu lassen.

Was hat das mit dem Thema Networking zu tun? Netzwerke dienen dazu, sich gegenseitig zu unterstützen, die Grenze zwischen einer Gefälligkeit und unlauterem Verhalten ist dabei sehr gewissenhaft zu beachten. Genau das macht den Unterschied zwischen positiv belegtem Networking und negativ belasteten Begriffen wie »Geklüngel«, »Vetterleswirtschaft«, »Gemauschel« oder »Seilschaften« aus.

> **Beispiel 1**   **!**
>
> Daniela Weber ist Mitglied der Stadtverordnetenversammlung. Auf der letzten nicht öffentlichen Sitzung wurde über die Ausweisung neuer Gewerbeflächen diskutiert, einzelne Gebiete sind nun in der engeren Auswahl. Ein Kollege aus dem Gewerbeverein plant mittelfristig die Ausweitung seines Betriebs auf einem weiteren Grundstück. Natürlich wäre er daran interessiert, jetzt noch günstig ein Grundstück zu erwerben, das in absehbarer Zeit bebaut werden kann.

Analyse und Bewertung
Als Mandatsträger sollte Daniela Weber sehr streng darauf achten, dass sie keinerlei Informationen aus vertraulichen Sitzungen weitergibt, die nicht allgemein zugänglich sind.

! **Beispiel 2**

Sandra Maißburg ist Assessorin im Auswahlverfahren für die Aufnahme von Förderkreiskandidaten. Im Rahmen eines Assessment-Centers sollen Potenzialträger aus dem Unternehmen identifiziert werden. Der Sohn ihres Kollegen Hofberger, der seit zwei Jahren im Unternehmen ist, wurde für das Assessment-Center nominiert. Herr Hofberger spricht Sandra Maißburg an, ob sie mal zusammen zum Mittagessen gehen.

Analyse und Bewertung

Gegen ein kollegiales Mittagessen ist zunächst nichts zu sagen. Sollte Herr Hofberger jedoch nach Informationen zum Assessment Center und konkret den Aufgabenstellungen fragen, gilt Vorsicht. Natürlich kann Sandra Maißburg allgemeine Hinweise über die Zielsetzung des Verfahrens geben, wenn diese im Unternehmen definiert und kommuniziert sind. Zudem kann sie aufgrund ihres Fachwissens und Marktüberblicks ihrem Kollegen Empfehlungen geben, wie sich dessen Sohn allgemein mit Büchern oder Trainingsseminaren auf das Assessment-Center vorbereiten kann und welche Aufgabenstellungen generell vorkommen können. Wenn es jedoch um konkrete Übungen und Bewertungskriterien geht, muss sie klar kommunizieren, dass sie hierzu keine Aussagen machen darf.

! **Beispiel 3**

Sven Armbruster ist auf Dienstreise und wird von einem Kunden zum Essen eingeladen. Nach den offiziellen Gesprächen überreicht der Kunde ihm noch ein Geschenk.

Analyse und Bewertung

Die Einladung zum Essen gilt im geschäftlichen Kontext als üblich und kann von Sven Armbruster ohne Probleme angenommen werden. Er sollte bei seiner Reisekostenabrechnung aber darauf achten, seinen Spesensatz um diese Mahlzeit zu reduzieren, sprich die Einladung angeben. Wenn er sich im Nachgang jedoch noch großzügig in Nachtbars, Saunaclubs oder sonstige Etablissements einladen lässt, riskiert er es, sich dem Vorwurf der Bestechlichkeit auszusetzen.

Was das Geschenk betrifft, ist Sven Ambruster gut beraten, sich nach den einschlägigen Compliance-Regelungen seines Arbeitgebers zu richten. Teilweise ist es üblich, dass Mitarbeiter Aufmerksamkeiten bis zu einem gewissen Wert annehmen dürfen, das jedoch dem Arbeitgeber gegenüber offenlegen müssen. Geschenke in der Größenordnung bis 35 EUR gelten in der Regel als unbedenklich, da auch Unternehmen Geschenke an Dritte bis zu diesem Wert als Betriebsausgabe steuerlich absetzen können. Anders sieht es bei Beamten aus, sie müssen zum Teil Geschenke im Wert ab 5 EUR ablehnen.

In den Compliance-Regelungen vieler Unternehmen wird diesbezüglich auch auf die Angemessenheit hingewiesen, die kulturell sehr unterschiedlich sein kann.

So ist es beispielsweise in China sehr üblich, großzügige Geschenke zu machen. Hier empfiehlt sich die interne Abstimmung mit dem eigenen Vorgesetzten und gegebenenfalls dem Compliance-Manager und vor allem transparentes Agieren.

> **Beispiel 4**   !
>
> Jörg Wächter ist Vorsitzender der Rotarier in seiner Region. Er ist auf der Suche nach einem Referenten für eine Mitgliederveranstaltung. Über einen privaten Kontakt seiner Frau kennt er den Generaldirektor einer internationalen Organisation, der bereit ist, ohne Honorar einen Vortrag zu halten.

Analyse und Bewertung

Hier zahlt sich positives Networking aus. Das Ganze ist unbedenklich, sofern keine Interessenskonflikte vorliegen und die Informationen im Vortrag allgemein zugänglich sind.

> **Beispiel 5**   !
>
> Auf der internationalen Tagung eines Verbands treffen sich die Repräsentanten der Mitgliedsstaaten. Es gibt eine offizielle Tagesordnung. In den Pausen und während des Rahmenprogramms finden »bilaterals« statt, also individuelle Gespräche unter vier Augen. Dabei werden Themen, Strategien und Positionen diskutiert, die strittig sind und bisher auf Arbeitsebene nicht zu einer Lösung gebracht werden konnten. Mit der offiziellen Tagesordnung haben sie nichts zu tun.

Analyse und Bewertung

Ob in der Politik oder in der Wirtschaft, die entscheidenden Abstimmungen finden nicht am offiziellen Verhandlungstisch statt, sondern in den Fluren oder während der Kaffeepausen. Im vertraulichen Rahmen lassen sich Hintergründe, Bedenken und Risiken wesentlich einfacher aufgreifen als in großer Runde. Oft geht es auch darum, die eigentlichen Bedürfnisse, die sich hinter formalen Positionen verbergen, zu verstehen.

In dem Buch-Klassiker zur Verhandlungsführung »Das Harvard-Konzept« von Professor Roger Fisher geht es genau darum. Statt um festgelegte Positionen zu rangeln, steht ein fairer Interessenausgleich für alle Beteiligten im Fokus. Der persönliche und vertrauensbildende Austausch ist wichtig, um aus Sackgassen zu kommen und neue Lösungsansätze entwickeln zu können. Und diese können oft überraschend ausfallen, wie ein Beispiel im Buch zeigt: Zwei Frauen fordern jeweils zwei Zitronen ein; insgesamt stehen jedoch nur zwei Zitronen zur Verfügung und keine ist bereit, auf eine zu verzichten. Im Gespräch zeigt sich, dass eine Frau die Schalen zweier Zitronen benötigt, die andere den Saft zweier Zitronen.

Sicherlich ist es nicht immer so einfach, eine Lösung zu finden. Doch nur der offene Dialog eröffnet die Chance für neue Wege. Dabei gilt es, mit Fingerspitzengefühl vorzugehen und die jeweils gültigen Ethikregeln zu beachten. Werden Absprachen getroffen, die wettbewerbsfeindlichen Charakter haben und damit gegen Gesetze verstoßen, oder werden vertrauliche Informationen zur persönlichen Vorteilsnahme weitergegeben, sind die Grenzen klar überschritten. Letztendlich geht es auch um die eigenen Werte und wie diese gelebt werden.

! **Übung**

Erinnern Sie sich an eine Situation, in der Sie mit dem Thema Compliance zu tun hatten? Wo lag das Problem? Was würden Sie aus heutiger Sicht anders machen? Was genauso?

5.2   Der saubere Ausstieg

Es gibt gute Gründe, sich einem Netzwerk anzuschließen. Und es ergeben sich immer wieder Situationen, die dazu führen, ein Netzwerk wieder verlassen zu wollen:

- Sie wechseln in eine andere Branche.
- Sie verändern sich regional.
- Sie haben andere Prioritäten.
- Sie fühlen sich menschlich in dem Kreis nicht mehr wohl.
- Sie können Ihre Zielsetzungen und Ideen im Netzwerk nicht mehr verwirklichen.
- Sie wollen oder müssen zum Beispiel aus gesundheitlichen Gründen Ihr (ehrenamtliches) Engagement reduzieren.
- Sie haben keinen Spaß mehr an diesem Netzwerk.
- Sie erfüllen die Voraussetzungen für eine Mitgliedschaft nicht mehr.

Handeln Sie nicht vorschnell aus dem Affekt heraus, insbesondere wenn es sich um eine offizielle Mitgliedschaft handelt. Wenn Sie sich jedoch klar für den Ausstieg entschieden haben, geht es darum, auch dabei professionell vorzugehen. Wie heißt es so schön: Man sieht sich im Leben immer zweimal. Daher sollten Sie beim Verlassen eines Netzwerks kein Porzellan zerschlagen. Gestalten Sie den Ausstieg so, dass Sie in guter Erinnerung bleiben und, wenn über Sie gesprochen wird, ein positives Bild entsteht. So halten Sie sich die Option offen, Referenzgeber aus dem Netzwerk gewinnen zu können oder ohne fahlen Beigeschmack eventuell doch wieder eintreten zu können.

Sofern es Kündigungsfristen gibt, halten Sie diese ein, ebenso die verlangte Form. Viele Mitgliedschaften müssen schriftlich gekündigt werden. Um einen positiven Eindruck zu hinterlassen, verfassen Sie das Schreiben in verbindlicher Form und brechen nicht alle Brücken ab.

Beispiel

Sehr geehrter Herr Baumgart,
hiermit kündige ich meine Mitgliedschaft fristgerecht zum 31.12.20xx.
Dieser Schritt fällt mir nicht leicht, zumal ich in den zurückliegenden acht Jahren meiner Mitgliedschaft nicht nur fachlich eine Heimat gefunden habe, sondern auch persönliche Kontakte und Freundschaften entstanden sind. Da ich die Branche wechsle und für meinen neuen Arbeitgeber für einige Jahre nach China gehen werde, möchte ich nun offen sein für Neues.
Ich werde Ihren Verband in sehr guter Erinnerung behalten und gerne auch persönliche Kontakte weiterpflegen. Jedoch kann ich mich nicht mehr so in die Verbandsarbeit einbringen, wie es meinem Verständnis einer aktiven Mitgliedschaft entspricht. Daher als Konsequenz dieser Schritt.
Für eine kurze Bestätigung bedanke ich mich im Voraus bei Ihnen.
Ihnen und den Kollegen weiterhin alles Gute.
Mit besten Grüßen

Handelt es sich um eine zahlenmäßig kleinere Gemeinschaft mit einem intensiven persönlichen Kontakt, sollten Sie noch vor der offiziellen Kündigung auf Ihren bevorstehenden Austritt hinweisen. Falls Sie das nicht tun, besteht die Gefahr, dass Sie Menschen vor den Kopf stoßen. Vielleicht organisieren Sie sogar einen kleinen Austrittsumtrunk, wie der Ausstand in einem Unternehmen üblich ist. Wenn Sie den Kontakt mit den Mitgliedern weiterhin halten möchten, sollten Sie sich in jedem Fall über soziale Netzwerke verlinken und Ihre neuen Kontaktdaten kommunizieren. Eine nette Variante eines Ausstands habe ich kürzlich erlebt: Das scheidende Mitglied verteilte Piccoloflaschen mit Sekt an alle Anwesenden als Abschiedsgruß. Auf dem individualisierten Etikett waren ein Foto von ihm und seine neuen Kontaktdaten zu sehen.

Tipp

Wenn Sie den Zugang zu einem Netzwerk nicht ganz verlieren möchten, sollten Sie zumindest mit einem Mitglied weiterhin in lockerem Kontakt bleiben. So können Sie auch aus der Ferne die Entwicklungen verfolgen und haben im Bedarfsfall immer einen Ansprechpartner.

Fühlen Sie sich in einem Netzwerk einfach nicht mehr wohl, kann es sinnvoll sein, zunächst in kleinem Kreis offen anzusprechen, was Sie stört. Vielleicht geht anderen wie Ihnen und es lassen sich Veränderungen bei der Zielrichtung, im Umgang miteinander oder bezüglich der Strukturen gemeinsam umsetzen. Nichts ist in Stein gemeißelt und wenn alle nur unzufrieden und resigniert weglaufen, ist eine Weiterentwicklung nicht möglich. Versuchen Sie zumindest, Einfluss zu nehmen. Wenn Sie merken, dass Sie kein Gehör finden, können Sie immer noch austreten. Vielleicht gehen Sie auch mit anderen Netzwerkpartnern, die ähnlich empfinden wie Sie, den Schritt gemeinsam, um ein eigenes neues Netzwerk zu gründen.

Denken Sie an dieser Stelle kurz zurück: Im Verlauf der Networking-Tour wurde mehrmals betont, dass Networking Spaß machen soll, gegenseitiges Geben und Nehmen bedeutet und zum Ziel hat, bei allen Beteiligten Wachstum und Weiterentwicklung zu ermöglichen. Sofern Sie über einen längeren Zeitraum den Eindruck gewinnen, dass keine Balance besteht, Sie nur liefern und selbst keine positiven Impulse erhalten, ist das betreffende Netzwerk wohl nicht tragfähig und passend für Sie. Auch hier kann es Sinn machen, die kritischen Dinge anzusprechen und vielleicht eine Lösung zu finden. Scheuen Sie sich im Ernstfall aber nicht, die Konsequenzen zu ziehen und sich ein anderes Umfeld zu suchen, in dem Sie Menschen finden, mit denen Sie das Verständnis von Networking und gleiche Werte teilen können. Nichts ist schlimmer als unausgesprochene Unzufriedenheit und ein ungutes Gefühl im Umgang mit den Netzwerkpartnern, während Sie in dieser Situation verharren. Also nur Mut! Warten Sie nicht darauf, dass sich andere verändern, sondern werden Sie selbst aktiv und damit zum Gestalter Ihres Umfelds.

ARBEITSHILFE
ONLINE

Übung

Denken Sie über Ihre Netzwerke und die daran beteiligten Menschen nach. Fühlen Sie sich wohl in diese Gruppen? Was stört Sie? Haben Sie die entsprechenden Aspekte schon einmal angesprochen? Überlegen Sie sich, wie Sie Ihre Unzufriedenheit kommunizieren können.

Erfahren Sie nun noch etwas über den Austritt aus den virtuellen sozialen Netzwerken. Viele Menschen machen sich darüber nur wenige Gedanken, obwohl sie doch mit ein paar Klicks sich und eine wahre Flut von persönlichen Informationen ins Internet einstellen und damit öffentlich machen.

Soziale Netzwerke verlassen

Wie heißt es so schön? Das World Wide Web vergisst nichts. Und die großen Datensammel-Konzerne tun alles, um das Verlassen ihrer Netzwerke und Plattformen so schwer wie möglich zu machen. Daher soll nun eine Expertin mit einigen Tipps zu Wort kommen, wie sich der Austritt aus sozialen Netzwerken gut bewerkstelligen lässt. **Birgit Aurelia Janetzky** berät mit ihrem Unternehmen Semno Consulting (www.semno.de) zu allen Themen an den Schnittstellen zwischen Mensch, Tod und Internet (digitaler Nachlass, Trauern im Internet). Dass es nicht allein um das Thema Tod geht, wird im folgenden Beitrag deutlich.

Aus einem Verein tritt man mit einem Kündigungsschreiben wieder aus. Bei Netzwerken ohne offizielle Mitgliedschaft geht man einfach nicht mehr zu den Treffen und lässt sich aus dem E-Mail-Verteiler löschen. Wer ein soziales Netzwerk im Internet verlassen will, hat es dagegen manchmal schwer. Die Anmeldung ist mit wenigen Klicks erledigt, der Abmeldebutton hingegen gut versteckt. Es gibt sogar Netzwerke, die kennen keine Löschung von Nutzerkonten.

Es gibt viele Gründe, warum jemand ein soziales Netzwerk verlassen will: das Interesse verloren, die Informationsflut kanalisieren, den Pflegeaufwand verringern, Doppelungen von Kontakten vermeiden, Sorge um die Sicherheit der Daten, Kosten eingrenzen, weniger Sichtbarkeit im Internet. In einem aktuellen Urteil wurde dem Inhaber eines Facebook-Accounts bescheinigt, dass er für die missbräuchliche Nutzung seines Kontos verantwortlich sei. Wer ein inaktives Konto nicht löscht, der riskiert, dass es zu illegalen Zwecken genutzt wird.

Wer ein Netzwerk verlassen will, muss nicht erst mühsam nach einer Lösung suchen. Justdelete.me ist ein Verzeichnis, in dem Informationen über die Löschprozeduren hochfrequentierter Plattformen gesammelt bereitstehen, die entsprechenden Abmeldeformulare sind direkt verlinkt. Klassifiziert werden die Abmeldungswege als leicht, mittel, schwer und unmöglich. Die Informationen dort geben erste Hinweise. Sich wirklich abzumelden bedarf umfangreicherer Überlegungen. LinkedIn und Facebook unterscheiden zwischen Deaktivieren und dauerhaftem Löschen. Beim Kontaktpartner bleiben alle Nachrichten erhalten, auch wenn ein Account gelöscht wird. Wer eine Gruppe oder eine Seite administriert, sollte diese vor dem Löschen des eigenen Profils entweder ebenfalls löschen oder einem neuen Administrator übergeben. Bei Facebook gehen alle eigenen Beiträge in Gruppen mit der Profillöschung ebenfalls verloren, bei Xing bleiben sie erhalten. Hier wird der bleibende Wert der Informationen für die Gruppenmitglieder höher gewichtet.

Als Alternative zum Löschen bieten sich an: die Einstellungen zur Privatsphäre restriktiver nutzen, von einer Premium- in die kostenfreie Basisversion downgraden, aus Gruppen austreten. Oder ins Profil schreiben, dass man in diesem Netzwerk inaktiv ist und die Netzwerke nennen, über die Kontakt aufgenommen werden kann. So bleibt man auffindbar, der inaktive Status ist transparent und die erneute Einladung in das Netzwerk unterbleibt. Verlinkungen auf eigene Webseiten können weiter das Ranking verbessern. Die wenigsten User nutzen Google+. Aber ein einziger Beitrag dort kann bewirken, dass die Information in der Suchmaschine von Google sehr weit oben rankt. Wer also daran denkt, ein Profil zu löschen, sollte die Konsequenzen überdenken und sich mit den Löschregeln der jeweiligen Plattform vertraut machen.

Debriefing und Abschlusstest

Wir sind am Ende unserer Networking-Tour angekommen. Sie haben einige Stationen angesteuert, viele Netzwerke betrachtet, Chancen und Risiken kennengelernt sowie zahlreiche Beispiele gelesen. All dies hat hoffentlich dazu beigetragen, dass Networking für Sie kein unbekanntes Land mehr ist. Noch schöner ist es, wenn Sie gelernt haben, sich sicher in Netzwerken zu bewegen, und Ihre persönlichen Lieblingsrouten und -stationen identifizieren konnten. Geschmäcker und Bedürfnisse sind sehr verschieden und so können letztendlich nur Sie bestimmen, wo Ihre Networking-Reise Sie hinführen wird.

Networking: das Wichtigste zu guter Letzt

Bevor Sie nun den zu Beginn des Buchs stehenden Test zum Thema Networking wiederholen und dabei vielleicht einen Vorher-Nachher-Effekt erleben, folgt noch ein letzter Expertenbeitrag. **Dr. Hans Groffebert** verfügt über langjährige Erfahrung bei der Bundesagentur für Arbeit, und zwar sowohl bei der Betreuung von Top-Führungskräften wie auch von Berufsstartern. Als Trainer führt er Schulungsveranstaltungen zum Thema Networking durch. Er fasst aus seiner Sicht in Form eines Schnelldurchlaufs die wichtigsten Aspekte *zum Thema Networking* zusammen.

Zunächst möchte ich ein Missverständnis beziehungsweise ein Vorurteil ausräumen: Networking ist nicht der berühmt-berüchtigte neue Schlauch für alte Weine (= Seilschaften, Filz, Klüngel, Verbindungen, Protektion, Anbiederung, Vitamin B). Networking ist in unserem engeren Kontext ein Beziehungsgeflecht zwischen beispielsweise Kollegen, Bekannten aus der eigenen Berufsgruppe, ehemaligen Kommilitonen und Geschäftspartnern. Dieses Geflecht kann eine Fülle unterschiedlicher Kommunikationsformen und -inhalte umfassen, die in verschiedener Intensität die Themen Karriere, nachhaltiger Erfolg bei der Arbeit, akute Krisenbewältigung am Arbeitsplatz, Strategien bei der Stellensuche, individuelle Zukunftssicherung, mittel- und langfristige Planung alternativer Beschäftigungsmöglichkeiten, berufsbezogene Standortbestimmung, kritische Reflexion über die gegenwärtige Tätigkeit und anderes mehr tangieren. Kurzum: Es gibt viele berufliche Herausforderungen, für die Folgendes gilt: »Ich weiß nicht, wie ich darüber denken soll – ich muss zunächst mal darüber sprechen!«

Zuweilen wird Networking im Berufsleben auch als Beziehungsmanagement definiert, dessen Leitmotiv das Win-win der beteiligten Partner und dessen Grundton das Vertrauen ist. Bei diesem Networking können sich verschiedene Elemente vermengen und auch die Formen und Arten der Netzwerke sind nicht festgelegt. So kann berufsbezogenes Networking unter anderem heißen:

- Austausch über Erfahrungen, Trends, Weiterbildungsangebote und Marktinformationen.
- Kritisches Feedback und wechselseitige Beratung. Dabei kann diese Kommunikation auch den – nicht professionellen, aber vertraulich-verlässlichen – Charakter eines gegenseitigen Mentorings, Coachings oder einer gegenseitigen Supervision annehmen.
- Hinweise auf Vakanzen, denn – je nach Branche und besonderem Arbeitsmarkt – nur knapp ein Drittel der zu besetzenden Stellen wird allgemein zugänglich veröffentlicht. Das heißt, es gibt einen sehr großen und attraktiven grauen Stellenmarkt. Entsprechende Hinweise bekommt man zumeist nur über das persönliche Netzwerk.
- Entwicklung gemeinsamer Geschäftsideen (Start-up).

Berufsbezogene Netzwerke können sehr verschiedene Strukturen haben:
- Informelle Netzwerke, bei denen es keine festen Regeln, kein Programm und keine festen Termine gibt, auch keine formale Mitgliedschaft. Man trifft sich gelegentlich oder anlassbezogen im kleineren Kreis mit (ehemaligen) Kollegen oder Geschäftsfreunden, Bekannten oder früheren Kommilitonen aus dem Studium. Bei diesen informellen Netzwerken stehen private und familiäre Angelegenheiten eher im Hintergrund.
- Formelle berufsbezogene Netzwerke sind zum Beispiel Berufsverbände, studentische Organisationen und Hochschulgruppen, Businessclubs, Alumni-Gruppen von Universitäten und Fachhochschulen. Diese regionalen oder überregionalen Netzwerke haben in aller Regel eine klare und feste Struktur mit einer Satzung und einem Programm sowie mit gewählten Verantwortlichen. Eine formale Mitgliedschaft ist zumeist notwendig, um an den regelmäßigen Treffen teilnehmen zu können. Die Mitgliedschaft selbst muss in der Regel beantragt werden, oft gibt es Aufnahmekriterien. Diese Netzwerke haben zwei unterschiedliche Eigenschaften: Zum einen erhält man wichtige und detaillierte Informationen, die sich aus dem inhaltlichen Kontext des betreffenden Netzwerks ergeben. Zum anderen besteht die Möglichkeit, am Rande der offiziellen Treffen einen Erfahrungsaustausch zu generieren, der sehr individuell sein kann und dem informeller Netzwerke entspricht.
- Soziale Netzwerke im Web. In den letzten Jahren haben die professionellen, berufsbezogenen sozialen Netzwerke im Web wie Xing und LinkedIn große Bedeutung gewonnen. Bei diesen Netzwerken ist es zum einen möglich, das eigene berufliche Profil zu hinterlegen, um potenzielle Arbeitgeber auf sich

aufmerksam zu machen. Zum anderen besteht die Option, sich virtuellen themenbezogenen Gruppen anzuschließen, die einen ähnlichen Charakter wie die informellen und formellen Netzwerke haben können.

Da sich das bekannte soziale Netzwerk Facebook einerseits immer mehr als das Familienalbum vom Global Village etabliert und andererseits als digitale Plattform für Unternehmenspräsentationen dient, ist es nicht so richtig für das berufsbezogene Networking geeignet.

Ein regelmäßiges, berufsbezogenes und zielorientiertes Netzwerken ist notwendig! Dazu sind zwei grundsätzliche Bemühungen erforderlich, die in Hinblick auf den Aufwand nicht unterschätzt werden sollten: Die erste betrifft den Aufbau der Netzwerke, die zweite bezieht sich auf deren kontinuierliche Pflege und Instandhaltung. Doch der Return on Investment dieser Bemühungen kann in beachtlicher Weise gewinnbringend sein: in sozialer und materieller Hinsicht, in Bezug auf die Zufriedenheit mit der Arbeit und unter dem Aspekt, neue berufliche Optionen auszuloten.

Wenn Sie es noch kompakter wollen, hier finden Sie das Wichtigste zum Networking auf einen Blick:

ARBEITSHILFE
ONLINE

Networking: das Wichtigste auf einen Blick

- Networking ist der bewusste Aufbau und die kontinuierliche Pflege von Kontakten mit dem Ziel, Teil eines lebendigen Netzwerks zu sein.
- Networking ist ein auf Geben und Nehmen ausgerichteter partnerschaftlicher Prozess, von dem alle Beteiligten profitieren sollten.
- Werden Sie sich zunächst bewusst, warum Sie für andere ein interessanter Netzwerkpartner sind. Denn ein guter Netzwerker fragt zuerst, was er für andere tun kann.
- Ihre Kurzpräsentation (Elevator-Pitch) hilft Ihnen, das zu vermitteln, was Sie als Person ausmacht.
- Networking setzt den Willen voraus, sich aktiv einzubringen. Warten Sie deshalb nicht darauf, dass andere auf Sie zukommen.
- Gute Netzwerker interessieren sich für Menschen. Sie kennen persönliche Vorlieben, Interessen und zum Beispiel die Geburtstage Ihrer Netzwerkpartner.
- Um Netzwerkpartner kennenzulernen, sollten Sie dort hingehen, wo Sie die Menschen mit einschlägigen Interessen, Kontakten und Fähigkeiten treffen (Messen, Tagungen, Schulungen …). Oder werden Sie Mitglied in einem Verband.
- Eine positive Ausstrahlung und Sympathiegesten wie Lächeln und Blickkontakt erleichtern die Kontaktaufnahme. Damit sind Sie für andere ein beliebter Gesprächspartner.

- Wenn Sie gezielt einen bestimmten Kontakt suchen, recherchieren Sie, mit wem Sie sprechen sollten. Ein Aufhänger ist hilfreich bei der Kontaktaufnahme. Dies kann eine Empfehlung, ein gemeinsamer Bekannter oder etwas sein, das Sie verbindet.
- Networking hat viel mit Vertrauen zu tun. Dieses Gefühl entsteht nur durch positive Erfahrungen mit einem Menschen über einen längeren Zeitraum. Pflegen Sie Kontakte. Eine Karte zum Geburtstag oder ein kleiner Anruf zwischendurch beispielsweise helfen, die Verbindung am Leben zu erhalten.
- Zeigen Sie sich für eine Gefälligkeit bei Ihren Netzwerkpartnern erkenntlich. Ein Blumenstrauß oder ein persönlicher Kartengruß vermitteln Anerkennung und Wertschätzung. Sie zeigen damit, dass für Sie die Hilfe nicht selbstverständlich ist.

Check-up: der Abschlusstest

Sie haben Ihre Networking-Reise erfolgreich beendet. Ich hoffe, dass Sie viele neue Eindrücke mitnehmen konnten und inspiriert nach vorne schauen. Ich habe mich auf jeden Fall gefreut, Sie auf dieser Tour begleiten zu dürfen. Gerne können Sie Ihre gemachten Erfahrungen einbringen. Sie erreichen mich über die E-Mail-Funktionalität auf meiner Homepage www.karriereabc.de.

Denken Sie nun noch einmal an den Einstiegstest zurück, bei dem Sie einige Fragen rund um das Thema Networking beantwortet haben. Diese Fragen stelle ich Ihnen nun noch einmal als kleinen Abschlusstest. Finden Sie heraus, wie sich Ihr Wissen und Ihre Einstellungen zum Thema Networking verändert haben.

Ausstiegstest

1. Was verstehen Sie unter Networking?

    a. Immer unterwegs sein, ständig Leute anquatschen und sich anbiedern.   □

    b. Langfristig einen vertrauensvollen Kontakt mit Menschen aufbauen   □
        und pflegen, mit denen ich mich gegenseitig unterstützen
        und gemeinsam vorankommen kann.

    c. Gezielt nur mit den Menschen Kontakt suchen, die mir nützlich sein   □
        können.

    d. Möglichst viel im Internet posten und zu allem meinen Kommentar   □
        abgeben.

2. Sind Sie bereits ein aktiver Netzwerker?

    a. Nein, davon halte ich gar nichts, ist mir echt zuwider.   □

    b. Nein, ich würde gerne, bin jedoch sehr schüchtern und weiß nicht,   □
        wie ich das anstellen soll.

    c. Ich bemühe mich, mit Menschen in Kontakt zu kommen, irgendwie   □
        klappt das noch nicht so.

    d. Ja, ich betreibe aktives Networking und fühle mich gut vernetzt.   □

3. Kennen Sie Ihre persönlichen Stärken im Vergleich zu anderen Menschen?

    a. Ja, ich kenne meine Stärken und kann mich im Vergleich zu anderen   □
        Menschen realistisch einschätzen.

    b. Ich kenne meine Stärken, bin mir aber nicht sicher, wie sie im Vergleich   □
        zu anderen Menschen zu bewerten sind.

    c. Ich bin mir meiner Stärken nicht so richtig bewusst.   □

    d. Mir ist nicht klar, was diese Frage mit dem Thema Networking   □
        zu tun hat.

4. Haben Sie eine klare Vorstellung davon, wie Sie von Ihrer Umwelt
   wahrgenommen und eingeschätzt werden?

    a. Ja, ich fordere gezielt Rückmeldungen ein, wie ich von anderen gesehen   □
        werde. Diese decken sich mit meiner Selbsteinschätzung zu einem sehr
        hohen Prozentsatz.

    b. Wenn ich von anderen Feedback bekomme, nehme ich das gerne   □
        auf und mache mir Gedanken dazu.

    c. Ich weiß die Rückmeldungen, die mir andere geben, nicht so richtig   □
        einzuordnen.

    d. Ich habe Angst, von anderen zu erfahren, was sie über mich denken.   □

5. Wenn Sie ein Problem haben, gibt es Menschen, bei denen Sie sich Rat holen können?

   a. Bei privaten Themen habe ich Menschen, an die ich mich wenden kann, beruflich eher nicht. □

   b. Ich kenne eine Reihe von Leuten, die ich manchmal anspreche. □

   c. Ich habe ein gutes privates wie berufliches Umfeld, in dem sich alle gegenseitig unterstützen. □

   d. Nein, wenn ich mir Rat holen würde, zeigt das doch Schwäche. □

6. Können Sie andere Menschen für Ihre Ideen begeistern?

   a. Ja, ich bekomme immer wieder entsprechende Rückmeldungen und nutze diese Fähigkeit, um meine Ideen voranzubringen. □

   b. Ich weiß nicht. □

   c. Ich spiele mich nicht so gern in den Vordergrund. □

   d. Ich denke schon. □

7. Was halten Sie von der Aussage: Vertrauen ist ein zentrales Element des Networkings?

   a. Nein, es geht eher um Vorteile und Interessen als um Vertrauen. □

   b. Das ist doch alles oberflächlich, Vertrauen habe ich nur zu meiner Familie. □

   c. Ja, erst mit Vertrauen lässt sich gut zusammenarbeiten. □

   d. Schön, wenn Vertrauen auch da ist, muss aber nicht. □

8. Interessieren Sie sich für andere Menschen?

   a. Ja, es ist spannend, mehr über Menschen zu erfahren und sie näher kennenzulernen. □

   b. Nein, ich bin sachorientiert, mich interessieren Fakten und Zahlen. □

   c. Ich interessiere mich schon für Menschen, weiß jedoch nicht, wie ich besser in Kontakt komme. □

   d. Das ist doch immer mit Tratsch verbunden. □

9. Wie entstehen Kontakte?

   a. Das passiert rein zufällig, alles andere ist gekünstelt. □

   b. Ich schaue gezielt, wer mir nützlich ist, und gehe forsch auf die Leute zu. □

   c. Wenn jemand etwas von mir wissen will, wird er schon auf mich zukommen. □

   d. Ich bringe mich aktiv ein und bin auch für andere ansprechbar. □

10. Was bedeutet Smalltalk für Sie?

    a. Leeres Gerede, reine Zeitvergeudung.   □

    b. Netter Zeitvertreib.   □

    c. Eine schöne Form, um ins Gespräch zu kommen und gemeinsame   □
       Ansatzpunkte zu finden.

    d. Stress, denn ich weiß nicht, was ich da sagen soll.   □

11. Soziale Netzwerke wie Facebook, LinkedIn und Xing

    a. sind prinzipiell gleich und es gelten die gleichen Spielregeln und   □
       rechtlichen Rahmenbedingungen.

    b. sollte man grundsätzlich meiden.   □

    c. sind auch rechtlich unterschiedlich einzustufen.   □

    d. zeigen über die Anzahl der Kontakte, wie beliebt ich bin und wie viele   □
       wirkliche Freunde ich habe.

12. Bei der Jobsuche

    a. läuft heute alles über elektronische Jobportale.   □

    b. bestimmt die Anzahl meiner Bewerbungen den Erfolg.   □

    c. ist die Arbeitsagentur dafür verantwortlich, mir eine neue Stelle   □
       zu vermitteln.

    d. wird ein großer Teil der offenen Stellen über Kontakte vergeben.   □

Literaturverzeichnis

Bolles, Richard N.: Durchstarten zum Traumjob. Das ultimative Handbuch für Ein-, Um- und Aufsteiger. Campus, Frankfurt am Main 2012.

Brenner, Doris: Karrierestart nach dem Studium, Haufe-Lexware GmbH & Co. KG, Freiburg 2015

Brenner, Doris/Brenner, Frank: Assessment Center. 3. Auflage, Gabal Verlag, Offenbach 2010.

Brenner, Doris/Müller, Robert: Mitarbeiterbeurteilungen und Zielvereinbarungen. Von der Planung über die Durchführung bis zur Auswertung. 2. Auflage, Moderne Industrie, Landsberg 2008.

Brenner, Doris: Beurteilungsgespräche souverän führen. Springer Gabler, Wiesbaden 2014.

Brenner, Doris: Bewerberinterviews sicher und zielgerichtet führen. Springer Gabler, Wiesbaden 2014.

Brenner, Doris: Die erfolgreiche Bewerbung, Pink University, München Video-training auf www.pinkuniversity.de, 2013.

Brenner, Doris: Karriereberatung. In Karlheinz Geißler, Georg v. Landsberg, Manfred Reinartz (Hrsg.): Handbuch Personalentwicklung und Training. Loseblatt-sammlung, Verlagsgruppe Deutscher Wirtschaftsdienst, Köln 2002.

Brenner, Doris: Onboarding. Als Führungskraft neue Mitarbeiter erfolgreich einarbeiten und integrieren. Springer Gabler, Wiesbaden 2014.

Brenner, Doris: Punkten Sie mit Ihren Stärken. Erfolgreiches Selbstmarketing im Job. Haufe-Lexware GmbH & Co, Freiburg 2015.

Coleman, Harvey: Empowering Yourself: The Organizational Game Revealed by Harvey Coleman, AuthorHouse 2010.

DGfK Deutsche Gesellschaft für Karriereberatung e. V.: Karriere-Spots, Frankfurt 2004. Zu beziehen über www.dgfk.org.

Duden Praxis kompakt. Telefoninterviews: das Wichtigste für Bewerber. Duden Verlag, Mannheim 2011.

Duden Ratgeber – Handbuch Bewerbung. Bewerbungen optimal vorbereiten und durchführen. Duden Verlag, Mannheim 2012.

Fisher, Roger et al.: Das Harvard-Konzept. Der Klassiker der Verhandlungstechnik. Campus, Frankfurt am Main 2009.

Geisselhart, Roland/ Hofmann, Christiane: Gedächtnistraining. TaschenGuide, Haufe-Lexware GmbH & Co, Freiburg 2016.

Goleman, Daniel: Emotionale Intelligenz. Carl Hanser Verlag, München 1997.

Gray, John: Männer sind anders, Frauen auch. Goldmann Verlag, München 1993.

Knoblauch, Jörg/Wöltje, Holger: Zeitmanagement. Perfekt organisieren mit Zeitplaner und Handheld. Haufe Lexware GmbH & Co, Freiburg 2006.

Knoblauch, Jörg et al.: Zeitmanagement. Taschenguide. 3. Auflage, Haufe Lexware GmbH & Co, Freiburg 2015.

Litke, Hans-D./Kunow, Ilonka/Schulz-Wimmer, Heinz: Projektmanagement. Taschenguide. 3. Auflage, Haufe-Lexware GmbH & Co, Freiburg 2015.

Molcho, Samy: ABC der Körpersprache. Heinrich Hugendubel Verlag, Kreuzlingen/München 2006.

Schmidt, Josef: Zeitmanagement ist Erfolgsmanagement. Zukunftsgestaltung für Studenten. SC Verlag, Neudrossenfeld 1995.

Schulz von Thun, Friedemann: Miteinander reden. Band 1–4, rororo Verlag, Reinbek 2014.

Seifert, Josef W.: Visualisieren. Präsentieren. Moderieren. 35. Auflage, Gabal Verlag, Offenbach 2011.

Seiwert, Lothar J.: Das neue 1x1 des Zeitmanagements. Gräfe und Unzer, München 2003.

Van Rinsum, Helmut/Zimmer, Frank: Der Social-Media-Rausch. Business Village, Göttingen 2011.

Watzlawick, Paul: Anleitung zum Unglücklichsein. Piper Verlag, München 2011.

Willmann, Georg: Erfolg durch Willenskraft. Wie Sie mehr von dem erreichen, was Sie sich vornehmen. Gabal Verlag, Offenbach 2015.

Die Autorin

 **Doris Brenner** ist freie Beraterin mit den Schwerpunkten Personal- und Organisationsentwicklung, Coaching sowie Karriereberatung. Sie verfügt über Fach- und Führungserfahrung in Linienfunktionen der Wirtschaft und war zehn Jahre im strategischen und operativen Personalwesen internationaler Unternehmen tätig. Die Wirtschaftswissenschaftlerin hat im In- und Ausland studiert und ist als systemischer Coach ausgebildet.

Das Thema Networking begleitet sie über ihre gesamte Berufstätigkeit. Sie verfügt über ein umfangreiches Netzwerk und weiß die Vorzüge einer vertrauensvollen Zusammenarbeit zu schätzen. Mit der DGfK Deutsche Gesellschaft für Karriereberatung e.V. (www.dgfk.org) hat sie als Initiatorin und Gründungsvorstand einen Berufsverband mit ins Leben gerufen.

Doris Brenner hat zahlreiche Publikationen zu den Themen Personalrekrutierung, Mitarbeiterbeurteilung, Kommunikation und Arbeitstechniken veröffentlicht. Die Gesamtauflage ihrer Publikationen liegt bei über 600.000 Exemplaren.

(www.karriereabc.de)

Stichwortverzeichnis

HAUFE.

Ihr Feedback ist uns wichtig!
Bitte nehmen Sie sich eine Minute Zeit

https://www.haufe.de/umfrage/management

Exklusiv für Buchkäufer!

Ihre Arbeitshilfen zum Download:

▶ http://mybook.haufe.de/

▶ Buchcode: CJI-6604